建筑行业合作伙伴模式下承包商选择

王舜　冯卓　著

北　京

冶金工业出版社

2024

内 容 提 要

本书介绍了建筑行业项目合作伙伴模式与战略合作伙伴模式下业主选择承包商的关键合作因素及关键竞争因素,构建了两种模式下选择承包商的评价因素体系,提出了两种模式下选择承包商的模型并进行评价。全书共6章,主要内容包括相关概念与理论基础、项目合作伙伴模式下承包商选择的关键合作因素分析、项目合作伙伴模式下承包商选择体系、战略合作伙伴模式下承包商选择合作因素分析和战略合作伙伴模式下承包商选择体系。

本书可供政府相关部门的工作人员阅读,也可供工程造价、工程项目管理等工程技术人员参考或作为在职进修学习的读本。

图书在版编目(CIP)数据

建筑行业合作伙伴模式下承包商选择/王舜,冯卓著.—北京:冶金工业出版社,2024.8

ISBN 978-7-5024-9866-5

Ⅰ.①建… Ⅱ.①王… ②冯… Ⅲ.①建筑工程—承包工程 Ⅳ.①TU723

中国国家版本馆 CIP 数据核字(2024)第 094371 号

建筑行业合作伙伴模式下承包商选择

出版发行	冶金工业出版社	电　　话	(010)64027926
地　　址	北京市东城区嵩祝院北巷 39 号	邮　　编	100009
网　　址	www.mip1953.com	电子信箱	service@ mip1953.com

责任编辑　马媛馨　美术编辑　吕欣童　版式设计　郑小利
责任校对　李欣雨　责任印制　禹　蕊
北京建宏印刷有限公司印刷
2024 年 8 月第 1 版,2024 年 8 月第 1 次印刷
710mm×1000mm　1/16;10.5 印张;201 千字;157 页
定价 68.00 元

投稿电话　(010)64027932　投稿信箱　tougao@cnmip.com.cn
营销中心电话　(010)64044283
冶金工业出版社天猫旗舰店　yjgycbs.tmall.com
(本书如有印装质量问题,本社营销中心负责退换)

前　　言

在传统的建筑项目管理模式中，纵向关系中的业主、承包商与分包商之间通常是命令与被命令的上下级关系，横向关系中的承包商、设计单位、供应商之间也是彼此孤立、缺乏沟通的。这种相互割裂的状况导致业主、承包商、设计单位之间存在着纵向与横向的碎片性，项目各参与方都只从自身经济利益出发，而忽视甚至损害项目中其他各方的利益，从而严重阻碍建筑行业的绩效与生产效率。Latham 等人在研究英国建筑行业的生产状况后，指出传统的建筑项目管理模式是造成生产效率低下的主要原因，并由此提出了新的项目管理模式——合作伙伴模式。

我国现行招标法中规定全部使用国有资金投资或者国有资金投资占主导地位的项目，必须采用公开招标的方式，业主与承包商可以采用项目合作伙伴模式，而公开招标规定范围之外的建筑项目，业主可以与承包商采取长期的战略合作伙伴模式。本书提供了可以为业主从项目合作伙伴和战略合作伙伴模式不同角度选择承包商可参考的具有实证性的、可选择的指标，也为政府、行业的相关管理部门制定维护公平合作、引导工程项目合作良性发展的政策、指导提供理论支撑。本书主要内容包括以下几个方面。

（1）探讨了合作伙伴模式下（项目合作伙伴模式与战略合作伙伴模式下）业主选择承包商的关键合作因素。借助扎根理论质性研究的方法从选择承包商的视角对影响项目合作伙伴模式与战略合作伙伴模式下项目成功的合作因素进行访谈，结合相关文献和理论研究，归纳出两种不同合作伙伴模式下承包商应具备的关键合作因素。

（2）探讨了合作伙伴模式下（项目合作伙伴模式与战略合作伙伴

模式下）关键合作因素对项目绩效子维度的作用路径。基于扎根理论访谈结果与文献分析构建了两种不同合作伙伴模式下关键合作因素对项目绩效子维度影响的理论模型，运用实证分析方法对构建的理论模型进行了实证检验。

（3）探讨了合作伙伴模式下（项目合作伙伴模式与战略合作伙伴模式下）业主选择承包商的关键竞争因素。运用文献检索方法梳理国内外研究文献，识别出体现建筑承包商竞争能力的传统指标，运用模糊数学方法对指标进行实证筛选与检验，构建两种不同合作伙伴模式下业主选择承包商的关键竞争因素。

（4）探讨了合作伙伴模式下（项目合作伙伴模式与战略合作伙伴模式下）业主选择承包商的评价因素体系，提出业主选择承包商的模型并进行评价。

在本书编写过程中，参考了有关文献资料，在此向文献资料的作者表示感谢。

由于作者水平所限，书中不妥之处，敬请广大读者批评指正。

作　者
2024 年 3 月

目　　录

1 绪 论

参与建筑工程项目的业主、承包商、监理、供应商等各自的利益不同，都是风险的规避者。建筑产业存在着"碎片"性和机会主义，导致项目各参与方之间的关系是对立的，这种关系严重阻碍建筑行业的绩效与生产效率。Krippaehne等人认为，业主与承包商建立合作伙伴关系可以在市场中获得和保持竞争优势，为双方带来潜在的益处。但是业主与承包商如何建立和保持良好的合作伙伴关系，改善项目绩效，使得伙伴之间的利益最大化，是目前工程项目管理方面的研究者与实践者都十分关注的问题。

1.1 建筑行业合作伙伴模式的应用前景与面临的问题

1.1.1 建筑行业合作伙伴模式的应用前景

业主、承包商以及供应商构成了建筑工程项目的主要参与方，作为工程项目的利益相关者，各参与方只专注于自己的利益，阻碍建筑行业的生产效率。为了提高效率，出现了诸如设计-招标-建造模式（DBB，Design-Bid-Build）、设计-施工一体化模式（DB，Design-Build）、建设管理模式（CM，Construction Management）、设计-采购-建设模式（EPC，Engineering Procurement Construction）等管理模式。这些传统项目管理模式①都是以业主为中心的"金字塔"模式，也就是业主拥有绝对优势的地位，各方只是为了建设活动而建立的一种单纯的、纯粹的、孤立的合同与指令关系，一方盈利的增加就意味着另一方盈利的减少。因此，建筑工程项目的业主和承包商之间、承包商和分包商之间形成了"win-lose"的对立矛盾关系。这尤其体现在业主与承包商之间，处于买方市场的业主，占有地位上的优势，业主随意地压低工程造价，并通过合同关系将工程的绝大部分风险转嫁给承包商。作为项目实施者的承包商，占有技术上的优势，建筑生产活动的复杂性和内容多样性在客观上增大了双方之间的信息不对称，承包商为了生存只好屈从，在业主的一再压价情况下，为了实现盈利的目的，在利益驱使下承包商往往会不合理地投机以追逐利益最大化，偷工减料，以次充好，想尽办法来增加利润，导致建筑项目的绩效非常不理想。在工程项目中，业主与承包商常被视

---

① 本书为了方便起见，统一称区别于合作伙伴管理模式为传统项目管理模式。

为一种利益此消彼长的买卖关系。利益对立，关系对抗成为业主与承包商之间关系的主要特征。

　　针对传统项目管理模式的弊端，美国学者在 20 世纪 90 年代提出一种应用于建筑工程项目管理中的合作伙伴模式来改善业主与承包商之间的敌对关系，同时有效提升建筑项目的绩效。在合作伙伴模式下业主与承包商之间的关系不是传统意义上的合同关系，而是利益各方真诚善意的达成的一种合作契约。合作伙伴模式主要强调从合作的角度出发选择合适的承包商，由参与各方共同构建团队，其关系是合作的、平行的，摒弃传统的认为一方获利便会导致另一方损失的"输赢"观，确立团队的共同目标，加强项目各参与方的相互合作与相互信任，实现资源共享，创造一种对项目的损益均摊共享的观念来弱化分明的壁垒关系和对抗思维，最终实现双方共赢。

　　合作伙伴模式作为国际上兴起的一种新的项目管理模式，虽然出现的时间不长，却已在欧美等国家和地区的工程实践中取得了很好的社会经济效益。根据学者对美国等实行合作伙伴模式的建筑项目的统计研究结果来看，实施合作伙伴模式的建筑项目可以改善敌对关系、提高合作满意度、降低风险、减少费用、提升质量等绩效，见表 1-1 和表 1-2。

表 1-1　合作伙伴模式在美国的应用效果

成功方面	效　　果
进度控制	平均实际工期比计划提前 4.7%
工程变更、争议和索赔费用减少	只有传统管理方式的 30%~54%
客户对工程质量的满意程度提高	比传统管理方式提高 26%
团队成员的工作关系得到明显改善	业主和承包商认为得到很大发展的为 67% 和 71%

表 1-2　合作伙伴模式在我国香港的应用效果

成功方面	效　　果
进度控制	73.3% 的项目按时或提前完工
成本控制	82.9% 的项目在预算成本内完成
争议发生率	86.7% 的项目争议发生率低于平均值
索赔发生率	86.8% 的项目索赔发生率低于平均值
质量控制	90.9% 的项目参与者对项目质量表示很满意
对工作关系的满意度	78.2% 的项目参与者非常同意工作关系很融洽

　　目前，国内在建筑工程项目中没有像国外标准化、系统化正式应用合作伙伴模式的记录，但是国内建筑企业之间存在着大量应用过合作伙伴模式进行项目交付的先例，很多业主和承包商之间存在着非正式的合作伙伴关系。本书通过对工程实践者的访谈也发现国内建筑行业的业主与承包商通过合作进行项目建设的案

例也越来越多，例如万科与赤峰宏基建筑（集团）有限公司，华润与大连金广建设集团有限公司等进行的战略合作。Conley 和 Gregory 认为正式和非正式合作伙伴模式的区别在于，前者在业主和承包商之间会引入独立的第三方协调者。可见在国内的具体实践环境下，合作伙伴模式的应用集中表现于非正式形式。随着国家提出建筑行业"互联网+"的战略目标以及现代建筑产业化的大力推进，学术界和企业界对正式实施合作伙伴模式的呼声也越来越高，学术界认为东方国家的儒家文化与合作伙伴模式的一些要素吻合，在本质上可促使合作伙伴模式在我国顺利实施。现有的研究成果表明，业主、承包商和监理普遍认为合作、沟通与信任对实现项目绩效目标的影响作用较大，其中，承包商认为"合作、沟通和信任作用重大"的比例高出业主17%，即承包商对合作、沟通与信任的要求更为迫切。由此可以看出，工程实践领域也有引入合作伙伴模式的迫切需求。2017 年国务院修订了《中华人民共和国招标投标法》，提出建筑行业缩小并严格界定必须进行招标的工程建设项目范围，民间投资的建设项目由建设单位自主决定发包方式，这一举措为合作伙伴模式正式应用提供了很好的契机，因此合作伙伴模式在我国建筑行业应用前景十分乐观。

1.1.2　建筑行业合作伙伴模式面临的问题

虽然合作伙伴模式被众多学者认为是改善建筑项目绩效非常有效的一种手段，但是该模式的应用仍然有一些问题，其实施过程仍然存在着许多障碍与阻力。传统项目管理模式招标过程中仅仅考虑承包商的竞争性报价而没有考虑合作因素的选择承包商方法阻碍业主与承包商合作关系的进一步发展，也是造成合作伙伴模式实施失败的主要原因。传统项目管理模式招标过程中选择承包商指标与方法研究已相当成熟，即主要基于商务标和技术标的综合评标方法。其中商务标主要指工程报价，由工程总造价决定；技术标是指施工组织设计，其中从工程工期、设备资源、施工技术这几个方面来考查承包商的竞争力。业主通常把经济指标作为选择承包商的重要依据，而承包商为了获取合同，经常采用"中标靠低价，收益靠索赔"的战略，即在合同执行的过程中，利用合同或者设计上的失误对业主提出索赔，来弥补低价中标所损失的利润，因此交易双方很容易形成零和博弈的囚徒困境。目前流行于业内的"低报价高索赔"投标策略就是业主与承包商对立关系的例证。Kadefors A 对多个案例进行研究之后发现，以低价中标机制选择承包商引发业主与承包商之间的相互怀疑和不信任直接导致了工程的最终失败。学者田海涛通过文献梳理与研究指出如果预先没有考虑到承包商对合作伙伴模式的认知程度、管理高层的支持、相互信任等合作伙伴模式实施必须具备的合作因素，而按照传统项目管理模式招标方法——基于商务标与技术标来选择承包商，那么选择出来的承包商难以按照合作伙伴关系协议顺利实施项目，项目的绩效也难以改善。因此，合作伙伴模式下选择承包商的指标不同于传统项目管理模式下选择承包商的指标，基于合作伙伴模式的建设项目想要成功就必须改变传统选择承包商方式中的许多要素。

目前，合作伙伴模式下业主选择承包商的问题已逐渐引起学术界的关注。虽然相关文献研究取得一定进展，但还存在着不足。国外已有的学术研究主要集中在合作伙伴模式下选择承包商过程中合作要素的提出以及这些要素相互之间的影响作用，但对于这些合作要素如何应用于工程实践去指导选择合作伙伴模式下承包商的研究文献却寥寥无几。研究表明合作伙伴模式下应同时考虑影响合作伙伴模式成功的合作因素和体现承包商竞争能力的竞争因素去选择承包商则更有利于合作项目的顺利实施。在工程具体实践中，国外对于合作伙伴模式下选择承包商指标的相关研究也尚显不足，少数的学者通过实际建筑工程案例分析提出了该模式下选择承包商时使用的一些指标和标准。英国和瑞典等一些国家也颁布了合作伙伴模式下选择承包商的指南与小册子供业主参考，但这些研究结果都是基于各国的工程实践背景提出的。我国的建筑行业合作伙伴模式并没有像国外那样标准化、系统化，而是表现为非正式形式。此外，在我国现行建设法律法规框架下，实行合作伙伴模式有项目合作伙伴和战略合作伙伴两种类型，项目合作伙伴模式主要是业主与承包商基于短期的、单个建筑项目的合作，而战略合作伙伴模式是指长久型与多项目的合作模式。这两种合作伙伴模式的实施过程与内容不一样，选择承包商的因素也有所不同。而国外相关文献仅有一篇针对项目合作伙伴和战略合作伙伴两种不同模式进行了差异化研究，因此国外现有研究成果无法有效解释和指导中国工程管理实践。国内学者对于合作伙伴模式下业主选择承包商的研究探讨得也不充分。到目前为止，国内管理类期刊极少刊发过合作伙伴模式选择承包商相关的实证论文，仅有少量的研究提出了合作伙伴模式下选择承包商的指标体系，但从其研究过程看，其成果仅仅是根据指标体系建立的原则罗列了一些指标，缺乏科学的理论构建与实证检验过程。由此可见，目前对于合作伙伴模式下选择承包商的相关研究还很欠缺，需要进一步深入研究与探讨。

众多学者指出合作伙伴模式下选择承包商时应该考虑影响建筑承包商竞争能力的竞争因素，有机地融入合作项目成功承包商应具备的合作因素，才能科学地形成合作伙伴模式下选择承包商因素体系。因此本书聚焦于此问题进行深入思考与研究。

1.2　建筑行业合作伙伴模式的应用文献综述

1.2.1　2000 年以前相关文献研究回顾

20 世纪 90 年代以来，有关建设工程合作伙伴模式的理论与实践的研究一直是一个热点。国外一些发达国家（如美国、日本、英国、澳大利亚、新加坡等）将合作伙伴模式运用到工程项目中改善了项目的绩效，并且一些研究成果相继发表在国际上工程项目管理方面的重要期刊上（如 Journal of Construction Engineering and Management，Construction Management and Economics，International Journal of Project Management，Engineering Construction and Architectural Management）。

Cheng and Li 在 2000 年对近 10 年在工程管理的 4 种国际顶级刊物上发表的关于合作伙伴模式的相关研究进行了系统的回顾和总结，指出建筑行业合作伙伴模式的研究分为实证研究和非实证研究两大类。实证研究主要集中在建设工程领域中的 partnering 模式基础研究、partnering 模式具体应用研究、业主与承包商相互合作关系的研究，以及国际间建设项目的 partnering 研究等，实证研究对于诸如合作伙伴选择指标体系的建立以及项目绩效影响因素的相关量表开发等方面建立了基础。非实证研究主要关注 partnering 的概念与理论描述，主要包括partnering 模式类型、partnering 过程模型、partnering 实施流程、partnering 运行组织结构等。并且还对所选的 29 篇文献的研究内容和方法进行总结，见表 1-3。

表 1-3　相关文献汇总

文献基础	研究内容	备注
Agapiou et al. （1998）	对运作流程提出了一种 Logistics 方法，期望结合战略 partnering 的原理，例如参与方之间的合作和信任，高级管理层的有效参与	ne，sp
Thompson，Sanders（1998）	基于以往的实证研究提出了建立 partnering 的连续流程，二维的 partnering 连续流程包括潜在的收益和目标联盟的程度。提出了四阶段模型，即竞争、互助、合作和联盟	ne，pm
Hancher（1998）	partnering 作为关键要素引入项目管理过程模型	ne，pa
Brooke，Litwin（1997）	确定项目管理成功指标；确定基于专家观点的关键管理方法	er，pp，pa
Crane et al. （1997）	建立项目 partnering 运作的五步骤模型——内部联盟、伙伴选择、联盟调整、项目调整以及工作流程调整	ne，pp，pa
Lazar（1997）	总结为什么和怎样去运作 partnering	ne，pp
Pocock et al. （1997）	基于大样本军事工程项目的绩效研究，运用附加绩效指标	er，pp
Puddicombe（1997）	通过比较两者对一系列熟悉的项目关键因素的回答来考察设计师与承包商之间的关系	er，pp
Sillars，Kangari（1997）	考察国际联盟成功的标准	er，sp
Stipanowich（1997）	战略伙伴关系中虽小但重要的部分，引入了 DART	ne，sp
Dozzi et al. （1996）	探索在如合约哲学、实施方法、合约战略等领域的业主与承包商的关系	er，pr
Matthews et al. （1996）	根据经验确定分包商的选择步骤，建立半项目 partnering 过程	er，pp，pa，pr

文献基础	研究内容	备注
Miles（1996）	敏捷制造、全面质量管理（TQM）与 partnering 的整合，重点在于 partnering 团队的描述与如何组建该团队	ne，pp
Pocock et al.（1996）	建立了关于项目的 DOI 测度方法，检验 DOI 与指标，比较可选择性管理方法的 DOI 分数以检验成功程度	er，pp
Ruff et al.（1996）	考察环境污染治理项目中业主和承包商之间的关系	er，pr
Badger，Mulligan（1995）	组建国际联盟的原因和从中获得的利益	er，sp
Crowley，Karim（1995）	根据组织边界与组织间的冲突定义 partnering，解释不同的边界有不同的 partnering 模式。从 partnering 的三个方面（传统的关系、partnering 流程和具有可渗透性边界的 partnering 关系）提出了一种新 partnering 概念模型	ne，pm，ps
Ellison，Miller（1995）	提出组建协作型合作伙伴关系，各参与方拥有完全的相互信任，组建长期的战略联盟。构建四种程度的 partnering——敌对的合同关系、合作团队的关系、价值增长的整合团队和协作战略伙伴关系	ne，pm，sp
Larson（1995）	通过对 280 个建设工程项目的分析研究 partnering 对项目成功的影响。引入项目合作伙伴概念。认识到四种工作关系——敌对的、受限制的敌对、非正式的合作伙伴以及项目合作伙伴	er，pp，pm
Wilson et al.（1995）	从组织变化过程定义 partnering，提出战略 partnering 进程模型	ne，sp，pa
Abudayyeh（1994）	通过案例分析描述业主/承包商关系变化的过程，将项目 partnering 分为 3 个步骤——对 partnering 产生兴趣、partnering 组建和 partnering 建设完成	ne，pa
Hinze，Tracey（1994）	通过对 28 个分包公司个人访谈研究承包商与分包商之间的关系	er，pr
Loraine（1994）	从经济学的视角描述项目 partnering，提出项目 partnering 拥有一些长期的利益	ne，pp
Weston，Gibson（1993）	公共项目中业主和承包商之间关系调查	er，pr
Woodrich（1993）	讨论与项目控制有关的 partnering 的收益，通过对美国空军办公室的观察来解释 partnering 协议如何有效地控制项目	ne，pp
Krippaehne et al.（1992）	建立了选择合适的联盟战略的纵向聚合矩阵	ne，sp
Nam & Tatum（1992）	介绍了业主领导、长期关系、雇佣整合提倡者和项目参与者的专业性四种非合同关系的建筑项目整合方式	er，sp
Bröchner（1990）	早期的文献，预测了项目网络的发展，包括建筑企业的整合	ne，pp
Cook（1990）	早期的文献，提出将 partnering 作为未来的合同战略。描述了其概念、定义以及其他的关键因素	ne，sp

注：er—实证研究；ne—非实证研究；sp—战略 partnering；pp—项目 partnering；pm—partnering 模型（partnering 步骤，partnering 连续性）；pa—partnering 流程；ps—partnering 结构；pr—partnering 关系。

1.2.2　2000 年以后相关文献研究回顾

本节主要对 2000 年之后国内外学者发表的一些文献进行回顾和梳理，并进行总结分析。综述的内容分为关键成功因素识别、合作伙伴模式下业主对承包商的选择以及项目绩效三个部分。

1.2.2.1　关键成功因素识别

合作伙伴模式下关键成功因素（CSFs，Critical Success Factors）定义为对合作伙伴模式的运行绩效和项目成功有重要影响的（因素）变量。但从其研究内容和研究结果看，提出的关键成功因素都是反映参与项目组织的行为和态度的合作（因素）变量，有别于传统项目管理模式下影响承包商竞争能力的诸如技术、设备、财务等竞争因素，因此本书认为将其界定为合作因素理解更为清晰。有的学者关注于个别关键成功因素的识别，Bresnen 和 Marshall 通过实证分析指出经济刺激对于合作项目成功有一定的局限性，而要考虑其他的认识与社会因素的影响，如动机、承诺等。Wong 和 Cheung 运用结构方程验证了合作伙伴之间信任水平和合作项目成功间关系是正相关的假设，并且又通过因子分析与多元回归研究方法进一步验证承包商的信任变化明显关联于相互信任水平，承包商作为信任的"发起者"有利于建立信任循环，推动业主与承包商相互信任而使合作伙伴模式更可能成功。Kwan A 通过对新加坡建筑行业的实证调查验证中国文化中的信任、友谊和承诺等元素在很大程度上影响其商业运作模式，并且在这种相似文化背景的影响下，华人业主与建筑企业之间更容易组建管理模式，进而成功实现双赢。Crompton L 通过文献回顾总结出推动合作伙伴模式成功的 8 个"助推器"因素，并通过组织图具体注释了"助推器"扫除障碍激励项目参与方合作成功的途径。

但大多数学者采用的研究方法是通过对业主、承包商、供应商等项目参与各方进行问卷调查，并对数据进行分析来识别合作伙伴模式的关键成功因素。

Black 等选取了英国建筑行业中 78 家分别具有合作伙伴模式经验和不具有合作伙伴模式经验的两类组织（包括业主、承包商等）进行实证分析来检验影响合作伙伴模式成功的 CSFs 的重要性水平，归纳总结出 12 个重要因素并对其重要性进行了排序，即相互信任、有效交流、高层领导者的承诺、理解合作伙伴模式的内涵、公正的行为、奉献的团队、不断发展的承诺、随机应变的能力、保证质量、形成合作伙伴模式的时间、长期承诺、合适的文化氛围。

Cheng 和 Li 在实证研究中并未将样本区分为是否具有合作伙伴模式经验的两类，但是区分了项目合作伙伴和战略合作伙伴两种模式，结论指出由于实施过程与实施内容不一样两种模式的关键成功因素也不尽相同。

　　中国香港学者 Chan 等通过对拥有合作伙伴模式经验的项目参与者（业主、咨询工程师和承包商）邮寄问卷调查，从香港建筑业的角度识别了影响合作伙伴模式的关键成功因素，通过文献回顾总结出 41 个影响因素可以用 10 个因子来代表，它们对于方差的解释占 74.67%。这 10 个因子影响的顺序依次是冲突改革战略的建立与交流、双赢态度的承诺、合作过程的有效监控、责任的明晰、相互信任、删除非附加值行为的意愿、合作过程的尽早实施、参与者资源共享、革新理念的能力以及分包商的改革。同时通过因子分析和多元回归方法获得合作伙伴模式的成功感知和一系列成功因素假设之间的关系。

　　Wong 和 Cheung 基于对中国香港国有和私有的开发企业、咨询公司和承包商的问卷调查，运用统计分析的方法从 14 项原始属性中最终得到其中 5 项，即问题解决方式、合作能力、合作程度、沟通程度、相互尊重，被认为是对合作伙伴模式成功实施影响效果最大的属性。

　　中国台湾学者 Chen W T 等通过对三类样本（高科技大型建筑公司、低技术大型建筑公司以及低技术小型建筑公司）进行调查问卷总结出合作伙伴模式的 19 个关键成功因素应分为 4 大类，影响最重要的是团队的合作文化，其次是长期的质量关注、目标的一致性和资源共享。结果表明，项目业主、设计方、承包商以及其他相关部门对于工程项目合作伙伴模式成功的影响都非常重要，因此工程项目合作伙伴模式要想成功需要各参与方的共同努力。

　　DOĞAN S Z 识别了合作伙伴模式下建造设计过程的 28 个影响变量，并通过因子分析方法提取出 7 个关键成功因素，有效交流、有效协作、相互支持、共同目标、长期合作关系、相互信任以及管理层支持。

　　Wøien J 通过文献回顾总结出 10 个关键成功因素，运用案例分析方法对挪威的一些实际工程项目进行研究，指出其中 7 个要素对项目成功都起到促进作用，即承包商尽早参与、基于价值的竞购过程、设计施工总承包、建立工作室、业主终止合同的可能性、合作协议和相互目标。

　　Cheng 和 Li 等总结出合作伙伴模式关键成功因素的组成框架模型，认为关键管理技能得当，构筑良好的关键管理环境，合作伙伴模式的应用是会成功的，如图 1-1 所示。关键管理环境特性包括足够的资源、高级管理层的支持、相互的信任、长期的协议、协调与创新，而关键管理技能指有效的沟通、冲突的解决。

　　Cheng 和 Li 在世界范围内选取了 27 个合适的样本建立了合作伙伴模式下关键成功因素的三阶段概念模型。研究结论如下：合作伙伴模式是一个循环过程，每一个循环中分为形成阶段、实施阶段、完成/反馈阶段连续的三个阶段，完成一个循环就结束则是项目合作伙伴模式，而当一个项目合作伙伴模式成功并且与

图 1-1 建设项目合作的框架模型

同一个承包商进行下一个项目就形成了战略合作伙伴模式。研究还对 14 个影响合作伙伴模式的关键成功因素进行区分，指出高层管理者的支持、开放交流、有效的协调、充足的资源、目标的一致性、奉献团队的建设、合作协议与相互信任对于项目合作伙伴模式与战略合作伙伴模式都是关键成功因素；而推动人及研讨会仅仅影响项目合作伙伴模式的成功，长期承诺、持续改善、营造学习氛围与具有合作伙伴模式经验仅仅影响战略合作伙伴模式。这主要是由于它们的实施过程与实施内容不一样而决定的。合作伙伴模式的进程关系模型如图 1-2 所示。另外，在不同类型合作伙伴模式以及项目不同的实施阶段各关键成功因素的影响程度有所不同。

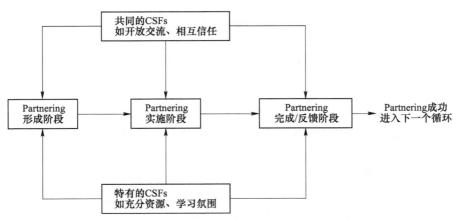

图 1-2 合作伙伴模式的进程关系模型

澳大利亚墨尔本大学的学者 Zhe T W 对伙伴合作的运行机制进行了实证研究，分析合作项目的关键成功因素以及相互间的联系，建立了要素关系模型（前 10 个为关键成功因素），如图 1-3 所示。

Cheng 和 Li 基于以前研究基础上通过层次分析法对各阶段中关键成功因素的权重（要素括号内数据）进行了量化分析，结果如下。

（1）在建设项目合作伙伴模式的形成阶段，组建工作小组（0.3833）是影响项目成功的最重要因素；其次是合作伙伴主持人的作用（0.3356）和形成的合

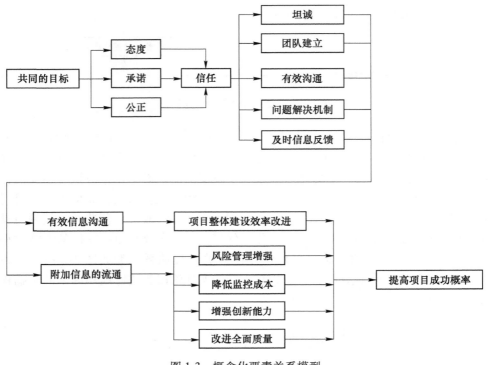

图 1-3　概念化要素关系模型

作伙伴协议（0.2811）。

（2）在实施阶段，共同解决问题寻求双赢策略（0.4628），相对而言要比具有充分的资源（0.2698）和达成共同目标（0.2674）更能够影响到项目的最终成功。

（3）高层管理者支持、彼此信任、坦诚交流和有效合作在建设项目三个阶段中都是重要的影响因素，没有什么显著性差异。在民意调查时也发现，人们认为这四个因素能够长期影响项目的进展，能够营建一个可靠、合适的环境使该模式有效益有效率地实施完成。

（4）在反馈阶段，具有合作伙伴模式工作经验（0.2722）和寻求不断发展壮大（0.2652）比建立学习氛围（0.2442）和做出长期承诺（0.2185）更重要。这一结果与民意调查不太一致，因为"长期承诺"一直都被认为是重要的因素，特别是想再进入下一轮合作伙伴模式循环时更为重要。

国内关于关键成功因素分析的文献都是对国外研究成果的总结。陈晓在总结前人研究成果的基础上提出了普遍认为的关键成功因素，即高层管理者的支持、彼此的信任、长期的承诺、有效交流、冲突处理办法、资源共享和有效合作。高辉等基于以往研究的成果分析影响合作伙伴模式的关键成功因素，提出了工程施工中接近国内目前建筑市场的相对具体有效的操作模式。马远发和左剑对 21 名在合作伙伴模式管理方面具有丰富经验的业内人士进行了访谈和调查问卷之后，评估出模式成功实施的最关键的三个因素为相互信任、在早期实施合作伙伴模式的各项流程和合作团队成员认可"共赢"的理念并为此而努力。同时提出影响合作伙伴模式成功实施最主要的三大障碍为大型机构内部的官僚主义、不能依据参与各方的贡献值科学合理地分配所得利益和商业压力影响合作水平。何晓晴参考国内外相关研究结论以及专家访谈的基础上通过对合作管理定性指标筛选，使用因子分析和判别分析方法对 62 个工程项目的 186 名项目参与者进行了问卷调查，找到业主方、承包方以及监理方获得成功合作的显著因素。彭频等结合我国建筑企业的特点，提出了影响我国建筑业合作伙伴模式成功的 19 个关键因素，运用因子分析法将关键成功因素归纳为资源共享、信任和冲突的解决三个因子。吕萍等学者通过对国内建筑业人员开展问卷调查，将合作伙伴模式的关键成功因素的四维模型修正为六维模型，如图 1-4 所示。

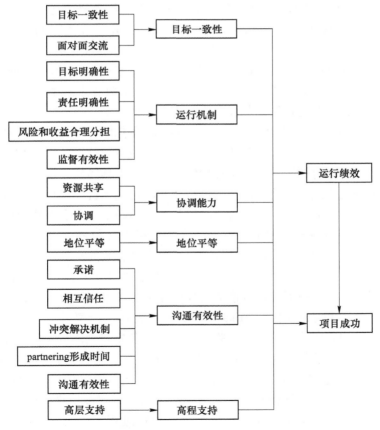

图 1-4　合作伙伴模式关键成功因素六维模型

1.2.2.2 合作伙伴模式下业主对承包商的选择

瑞典学者 Eriksson P E 指出建筑行业的特点是高资产专用性与低交易频率，基于竞购模型的交易成本理论应该采用低价格、低权利、高信任的管理机制，但是通过调查分析得出结论，目前瑞典采用的选择承包商过程的 8 个步骤都是基于高价格与高权利为主，低信任的竞购模式，这种竞购模式导致了建筑行业业主与承包商敌对及缺乏信任的关系，因此必须改变建筑行业的竞购过程。

Kadefors A 选取瑞典具有合作项目经历的 8 个业主深入调查分析总结出合作项目选择承包商应该关注于两个问题：一是服务方面应关注于个人而不是公司；二是改革方面应关注于潜在的绩效而不是过去的经历。

Eriksson P E 以归纳的研究方法提出了一个理论框架，探讨合作伙伴模式下竞购过程的相关因素对于项目绩效的影响，归纳出合作竞购过程（联合参与、邀请招标、评标的软参数、合作分包商参选择、基于补偿激励机制、合作工具及承包商自我管理）对于项目绩效（成本、工期、质量、自然环境、工作环境及革新）有显著正相关影响作用的 7 个假设。并进而以综述推理方式总结出合作气候（合作伙伴之间的信任与承诺）能够解释自变量（合作竞购过程）和因变量（合作项目绩效）之间的关系，具有中介作用；对于自变量（合作竞购过程）和因变量（合作项目绩效）的关系强度具有一定的调节作用，项目本身特征（复杂性、不确定性、规模及工期压力等）对于两者之间的关系仅仅具有调节作用的结论，但是这些结论都没有进行实证验证。

Eriksson P E 对瑞典某大型化工厂项目选择承包商过程的 8 个步骤均采用合作伙伴的模式进行研究，即承包商尽早进入、有限邀请招标、软参数评标、合作分包商选择、关系合同采用、基于补偿激励、合作工具的使用以及承包商自我控制。研究发现基于此过程选择出来的承包商实施建筑项目，项目的绩效得到很大改善。因此从理论与实证上都支持以高风险与高不确定为特点的建筑行业中适宜采用"软"的要素选择承包商，但同时文献也指出合作伙伴模式并不能解决所有的问题，保留必要程度的价格与权利也可以实现有效的交易。

虽然合作伙伴模式下采用"软"的要素可能选择出理想的合作伙伴，但是在竞购过程中到底哪些因素可以推动与促进业主与承包商顺利建立合作与信任关系呢？瑞典学者 Pesämaa O 和 Eriksson P E 提出合作伙伴模式下业主选择过程模型并且通过结构方程路径分析方法验证了模型中各要素之间的关系，如图 1-5 所示。模型中提出的假设 1（承包商尽早进入对于基于补偿激励有显著的影响作用），假设 2（承包商尽早进入对于有限邀请投标有显著的影响作用）没有得到实证支持，即承包商过早进入对于基于补偿激励与有限邀请投标的显著性不强，这可能是由于许多业主仍然实行传统的公开招标过程和固定价格补偿的规定有关，但假设 3（基于补偿激励对于任务能力评估有显著的影响作用），假设 4（有限邀请投标对于任务能力评估有显著的影响作用）得到实证支持，即基于补偿类型与邀请招标与任务能力评估有显著的正相关，并且该模型还证实了业主与承包商合作的程度高度依赖于基于任务能力评估的合作伙伴选择，基于任务能力评估的合作伙伴选择是一种调节因素，选择具有任务能力的合作伙伴更容易建立合作关系，支持了假设5（任务能力评估对于合作有显著的影响作用），但不一定促进信任，拒绝了假设6（任务能力评估对于信任有显著的影响作用），假设6的拒绝是因为信任的建立在招标过程的短期性不能取得，要通过长期的文化改变建立。

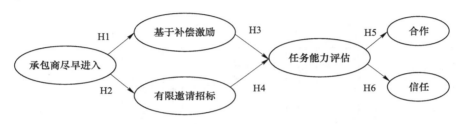

图 1-5　合作选择过程模型

国外对于合作伙伴模式下承包商资格预审和选择也比较注重方法研究，比较有代表性的有多重效用理论模型、聚类分析与实证推理、决策衡量准则、模糊集理论、线性流程、绩效模型。

国内对于合作伙伴模式下选择承包商的研究主要关注于指标体系的建立，毛友全给出了工程项目伙伴选择的综合评价指标体系，并构建了合作伙伴选择的三阶段模型，该模型包括由业主高层人员对潜在伙伴进行过滤，用改进 TOPSIS 法对潜在伙伴进行筛选，用线性规划对候选伙伴进行优化组合三个阶段。李晨定性指出项目合作伙伴模式下业主初次选择承包商可通过公开招标的方式，随着各方之间的合作次数的增多可以减少公开招标的费用，只需通过小范围的邀请招标即可，并且修正其他学者提出的合作伙伴选择指标体系进而提出基于 AGF 的合作伙伴选择的综合评价方法。刘果果认为合作者的选择是合作伙伴模式成功运作的三大关键因素之一，指出合作伙伴模式下选择承包商与传统的招投标不同，合作伙伴模式首先看重的不是报价，而是一些软性指标，例如团队的合作能力，组织能力，学习能力，理解问题、分析问题的能力以及参与者的个人素养等。这些能力决定将来整个团队合作是否顺利。孙凌娜运用层次分析法对优化技术进行分析，通过具体实例的剖析，提出了专属于工程项目管理合作伙伴选择指标体系，如图 1-6 所示。倪小磊在对业主与承包商博弈分析的基础上，依据合作伙伴管理模式中合作伙伴的选择方法，提出一种新的筛选机制，不仅要在开工前从工期、成本、质量等方面重点考察设计、施工的能力，更要重视企业的经营管理能力、企业信誉、企业文化，并且在项目后对合作伙伴进行评价分析，如果业主不满意或很差，则被淘汰列入后期的非合作伙伴行列，即淘汰机制。张锐芳基于合作伙伴选择的原则构建了任务相关型、关系相关型指标，学习相关型指标，风险相关型指标的合作伙伴选择指标体系，并根据影响合作伙伴模式成功的关键因素对指标进行了解释。

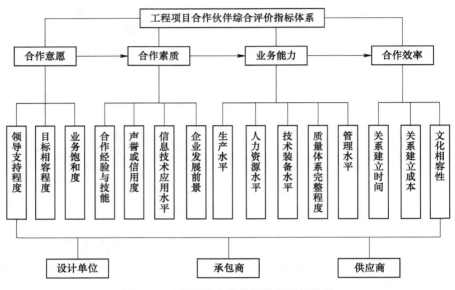

图 1-6　工程项目合作伙伴选择指标体系

1.2.2.3　项目绩效

所谓绩效是企业所从事活动的业绩和效率的统称，通常可以看作企业或组织战略目标的实现程度，其内容包括活动的效率和活动的结果等几个层面。建筑行业关于绩效评价的研究开始于 20 世纪 90 年代，早期的绩效评价多集中于传统管理模式下的成本、进度和质量三个传统指标，也被称作"铁三角"。尽管"铁三角"能在一定程度上反映项目的成功与否，但合作伙伴模式下绩效评价应更注重包含非经济因素的多元化企业活动与绩效管理水平指标的量化评估。不少学者认为合作伙伴模式下绩效还应包括诸如安全绩效、环境保护、利益相关者的满意等维度。Crane 等指出合作伙伴模式下衡量合作项目绩效应该关注两类绩效指标，即硬绩效指标和软绩效指标，硬绩效指标包括成本、进度、质量和安全；软绩效指标包括表征合作团队的行为和有效性。Cheung 也指出仅有硬指标不能全面描述合作项目绩效，有必要使用关系维度来评价合作伙伴的行为。

Anderson 指出，由于企业间合作的动机不一，合作的方式也多种多样，合作成员在合作过程中投入的资源也不尽相同，许多资源如合同、技术诀窍、管理性的建议无法用市场价格来衡量。加之合作的结果很大程度上具有无形性，难以完全量化，较难用客观的指标对合作的绩效进行评价。

Lyles 和 Baird 等认为可以使用类似合作目标的实现程度等主观指标来评价合作绩效的好坏。Mohr 和 Spekman 等人发现，合作成员对合作关系的满意程度是衡量合作关系是否成功的一个重要因素。而根据 Goodman 和 Dion 等学者的观点，合作成员对合作关系未来持续的预期在很大程度上也可以反映出合作关系的绩效水平。

孟宪海介绍了工程项目绩效评价体系 KPIS，即进度、成本、质量、安全、生产率、利润率和客户满意度等关键绩效指标。

Eriksson P E 认为合作项目的绩效评价不仅要考虑传统的"铁三角"成本、工期与质量，而且额外还要考虑影响项目持续成功的重要因素：环境影响，工作环境和革新。

Cheng 和 Li 等则从行业、项目和企业三个维度对承包商参与合作伙伴模式或其他合作联盟组织的优点及动因进行了分析和归纳，认为从行业维度分析承包商参与合作的动因是增加利润、提高竞争优势、加大市场份额、扩大客户范围、增加投标优势；从项目维度分析其动因是提高质量、减少风险、缩减成本、按期完工、减少返工量等；在企业维度的动因是提高效率、持续改进、有效利用成本、增加劳动生产率、加大创新的机会、增强社会责任感。

Yeung 等运用德尔菲法识别了 25 个绩效评价指标，并将其分为结果导向型客观指标、结果导向型主观指标、关系导向型客观指标和关系导向型主观指标四类。在此基础上通过问卷调查进行实证检验，发现 7 个指标非常重要依次为进度、成本、高层的承诺、信任和尊重、质量、有效的沟通、创新与提高。

Voyton V 等从合作伙伴模式对索赔影响角度出发实证调查分析指出实施合作伙伴模式的项目仅有 29% 发生索赔，未实施合作伙伴模式的项目 100% 发生了索赔，证明合作伙伴模式是减少索赔的有效工具。

Gransberg D D 等对合作伙伴模式应用于工程项目管理实践的绩效进行抽样定量分析，见表 1-4，这从一定程度上说明了合作伙伴模式在工程项目管理方面的优势。

表 1-4 统计数据对比表

比较因素	采用合作伙伴模式的项目（$N=204$）	未采用合作伙伴模式的项目（$N=204$）
成本变动	2.93%	3.70%
工程变更次数	16	10
每次工程变更引起的平均成本增加数额（增加率）	9198 美元（0.19%）	18713 美元（0.38%）
工期增长率=非正常延误的工期/总工期×100%	-4.70%	10.34%
事故延误工期/（同工期+正常延误工期）×100%	5.04%	14.56%

续表 1-4

比较因素	采用合作伙伴模式的项目（$N=204$）	未采用合作伙伴模式的项目（$N=204$）
事故引发的成本增加额/总成本×100%	0.07%	0.21%
索赔费用/合同价×100%	0.33%	0.61%
争端引发的费用/合同价×100%	0.04%	0.93%

Chan 等人对 10 年来组织及个人关于合作伙伴模式的应用带来绩效的相关文献进行了总结。大部分文献都是基于理论上介绍而没进行实证研究。文献指出，业主、承包商与监理公司对于改善参与各方之间交流情况的感知是一致的；除此以外，业主认为最大的绩效是工期的缩短，而承包商与监理公司则认为参与各方关系的改善才是最大的绩效。这说明项目参与者地位与角色的不同对于绩效的感知也是不同的，一方的绩效改善可能对其他方就是负担。

Black 等通过对英国建筑行业中 78 家具有合作伙伴模式经验和不具有合作伙伴模式经验的两类组织（包括业主、承包商）进行实证分析，总结出实施合作伙伴模式对改善敌对关系，增加客户满意度及双方相互理解等巨大的无形收益。

Wood G D 运用雷达图对上游合作关系（业主与主承包商）和下游合作关系（主承包商与分包商）进行了不同实证研究区分，指出处于不同的地位则绩效也不同，上游合作关系对于文化上的改善不是十分乐观，但是下游合作关系中的分包商认为他们的目的就是赚钱，因此节约成本的绩效不是十分乐观。

Nystrom J 采用类似实验的对比研究方法对合作伙伴模式进行了单因素影响绩效分析，研究指出，合作伙伴模式对于项目绩效（如成本、质量、合同灵活性、分歧以及工期）影响可能没有明显的作用，其他文献实证总结出合作伙伴模式带来的绩效可能是由于没有控制其他因素的变化而造成的，合作伙伴模式主要的贡献更多体现在对无形收益的影响作用。

Spang K 通过文献识别业主与承包商公认的合作伙伴模式的关键成功要素指南，并将其应用到实际案例中进行验证，指出德国实施合作伙伴模式的项目可以产生开放交流，公正风险分配、快速解决问题以及成本节约的效果。

陈可嘉在工程项目绩效指标体系的基础上，构建了合作伙伴模式下工程项目绩效系统动力学模型。研究指出合作伙伴模式下，项目管理能力和组织效果是提高工程项目绩效的主要立足点，合作伙伴模式的投入成本是制约工程项目绩效的主要来源。

虽然很多学者对于建设工程实施合作伙伴模式给予了肯定，并且通过相关研究进行了论证，但是也有学者提出了质疑。Anvuur AM 通过合作伙伴模式相关文献的理论分析提出了对绩效研究的不同见解，该学者认为合作实际上是一种机制，通过这种机制可以诱导与培育最佳合同实行的条件，进而项目取得成功。因此很多关键成功因素实际上是合作伙伴模式应用产生的绩效结果（如信任、协作、互助、具有活力的独立组织及组织通知的感知等），但这些见解只是理论上的推论，没有经过实证研究。

1.2.3　相关文献的贡献与不足

1.2.3.1　现有成果主要贡献

通过对国内外相关研究文献的整理与分析，本书认为已有研究成果的主要贡献体现在以下几个方面。

（1）已有的研究文献表明合作伙伴模式下选择承包商是一个非常重要的研究课题与现实意义。同时，一些文献指出合作伙伴模式下选择承包商与传统的招投标不同，合作伙伴模式首先看重的不是报价，而是一些软性指标，这为选定本书的研究主题提供了方向性指引。

（2）现有研究中关于建设工程合作伙伴模式实施过程的研究和界定，为进一步解释两种合作伙伴模式的差异，并具有针对性的研究打下了理论基础。

（3）已有研究成果为合作伙伴模式下选择承包商需要考虑的因素提供了参考指标。国内外学者对影响建设项目合作成功的要素进行了大量研究，提出了众多成功合作要素和阻碍因素，为本书研究两种合作伙伴模式下选择承包商的因素确立提供了依据。

（4）一些学者在已有理论的基础上，提出了合作伙伴模式下诸多选择承包商指标体系；并且运用不同的数学方法，给出了合作伙伴模式下选择承包商的方法。这些研究成果的研究思路为本书建立两种合作伙伴模式下选择承包商的评价因素体系和选择合适的评价方法给予了很大的启迪。

1.2.3.2　现有成果不足之处

虽然国内外学者对建设工程合作伙伴模式下的相关问题进行了探索和实证研究，得到了许多有价值的研究发现，但是在上述研究领域中还存在着一些不足之处，尚有诸多空间可以进一步探讨。

（1）从已有的研究文献可知，研究内容多局限于建筑工程合作伙伴模式框架下，建设工程合作伙伴模式包括项目合作伙伴模式与战略合作伙伴模式两种不同类型，其实施过程与实施内容不一样，关键成功因素也不一致，应该分别研究。通过文献梳理发现仅有一篇文章区分了两种合作伙伴模式下的关键成功因素，尚显研究不足。因此现有研究成果无法有效解释和指导中国工程管理实践，基于不同的合作伙伴模式进一步深入研究与分析，对于深化合作伙伴模式的理论认识和指导工程管理实践具有重要的理论与实践价值。

（2）从已有关于合作伙伴模式下的关键成功因素文献梳理来看，虽然研究方法与研究手段不同，众多学者基于不同的领域、文化、特征提出了很多关键成功因素和阻碍因素，但多集中于理论研究忽视了如何将关键成功因素用于工程实践以及如何避免阻碍因素的出现，更没有探讨将这些关键成功因素进行整合去发展理论和指导工程实践。

（3）已有的关于合作伙伴模式下选择承包商研究的文献梳理来看，这些结论虽然丰富了合作伙伴模式下选择承包商过程，文献提出的评价指标体系大同小异并且多聚焦于合作因素，忽视了体现承包商竞争优势的一些影响项目绩效的竞争因素，并且缺乏实证分析；另外现有文献对于建设工程两种合作伙伴模式下选择承包商的标准也没有区分，缺乏深入的研究，到底承包商的选择标准是否一致的问题需要进一步地解答。

（4）已有研究分析了项目绩效的实践收益与评价，但建筑项目的性质与类型不同，业主关注的绩效也各不相同，将合作伙伴模式下的项目绩效细化到子维度层面，揭示关键成功因素对于项目绩效子维度之间的作用关系及影响程度，不仅可进一步透视两者之间的微观影响，而且为业主有目的、有侧重地提升项目绩效提供有益的借鉴。

2　相关概念与理论基础

　　本章的目的是在第 1 章文献综述的基础上，对建筑工程合作伙伴模式概念与类型进行界定与分析，比较了合作伙伴模式与传统项目管理模式的区别，探讨合作伙伴模式研究中应用的相关理论。本章的研究是后续研究的前提和基础，将为本书的研究提供基本的理论支持。

2.1　合作伙伴模式与传统项目管理模式

2.1.1　合作伙伴模式

2.1.1.1　合作伙伴模式的表述

　　国外学者在英文文献中将此模式表述为 Partnering，Partnering 一词来源于 partner，英汉词典中译为"与……合伙"，在中文相关的文献中，不同的学者有不同的译法。国内有的学者将"Partnering"直接翻译为"伙伴"，有的学者将其译成"伙伴合作"，还有的学者称其为"伙伴关系"，中国台湾学者王明德将"Partnering"译为"合作管理"的；各种不同的表述不仅容易造成称呼的混乱，而且在对其含义、实质的把握和领会上更容易产生歧义；因而很多学者对 Partnering 不做翻译，而直接称为"Partnering"。学者姜保平在其博士论文中对"Partnering"实质及内涵进行了分析，提出"Partnering"表述为"合作伙伴"，"Partnering 模式"表述为"合作伙伴模式"。因此本书也将沿用这一表述。

2.1.1.2　合作伙伴模式的概念

　　许多学者基于不同的研究视角和背景对 Partnering 模式做出了不同的解释和定义。有的定义太过宽泛没有清晰的视野；有的定义侧重于分析合作伙伴模式实施细节；有的定义关注合作伙伴模式有效实施的要素；有的认为合作伙伴模式是一种新的项目组织结构，其本身并不能产生任何有益于参与各方的效果。Abudayyeh 认为合作伙伴模式对业主与承包商日常管理的集成部分关系的一种承诺。Hellard 强调合作伙伴模式是将全面质量管理（TQM）的技术与理念应用到工程项目中以使业主满意的一把万能钥匙。挪威学者 Ali Hosseinia 对学者们给出的合作伙伴模式定义进行了概括，见表 2-1。但目前被引用最多、最具有代表性的是英国国家经济发展委员会（NEDC，National Economic Development Council）

和美国建筑业协会（CII，Construction Industry Institute）给出的合作伙伴模式定义：合作伙伴模式是两个或两个以上组织为了实现其特定的商业目标，通过最大化利用各方资源，所形成的组织间短期或长期的承诺关系。这种关系是以信任，对共同目标的奉献，以及对各方的预期和价值的理解为基础的。

表 2-1　合作伙伴模式定义

作　者	合作伙伴模式定义
Bennett and Jayes	合作伙伴模式作为一种管理方法，用以实现建筑业的商业价值和提高效率
Black，Akintoye and Fitzgerald	通过合作伙伴模式建立有效的工作关系
Chan, Chan and Ho	合作伙伴模式是鼓励基于承诺、信任和沟通的良好工作关系的过程
Cheung, Ng, Wong and Suen	合作伙伴模式是一种建立非对抗性工作关系的尝试并通过建立关系进而改善绩效
Eriksson	基于合作程序的合作治理，以促进合作
Larson	合作伙伴模式伙伴作为一种合作关系，能够在协作、信任、开放和尊重的基础上创建具有单一目标和程序的项目团队
Lu and Yan	在项目开始时，基于共同目标和特定工具（研讨会、项目章程、冲突解决技术和持续改进技术）的过程
Nyström	信任和相互理解是合作的核心。其次为激励、团队建设活动、伙伴选择、开放、促进者、冲突解决技术和结构化会议
Yeung, Chan and Chan	合作伙伴模式被界定为由软要素（信任、承诺、合作和沟通）和硬要素（正式成分、风险利益共享）

尽管存在很多合作伙伴模式的定义，但是核心内容是共同的：

（1）项目各方确立共同目标，彼此认同，理解对方的期望和价值；

（2）项目各方有效沟通、协调，形成合作的超越传统组织边界的项目团队；

（3）项目各方实现信息共享和重要资源的共享。

2.1.1.3　建筑工程合作伙伴模式的实施过程

合作伙伴模式国际上兴起的一种新的项目管理模式，不仅体现在态度方面的变化，更重要的是合作伙伴模式在管理方式实施方面的变化。美国、英国、澳大利亚等学者近年提出了多种不同形式的实施过程。Cheng 和 Li 提出了合作伙伴模式实施的三阶段工作流程，Crane 和 Felder 提出了五阶段工作流程，中国台湾学者王明德、廖纪勋提出了本地的合作伙伴模式实施的工作流程。清华大学学者孟宪海将合作伙伴模式的实施流程划分为决策阶段、建立阶段、实施阶段以及总结阶段四个阶段。国内学者姜保平综合了一些学者提出的合作伙伴模式的实施流程，结合我国的具体情况，对于各参与方可操作性方面进行了关键性的改进。合作伙伴模式的实施流程图如图 2-1 所示。

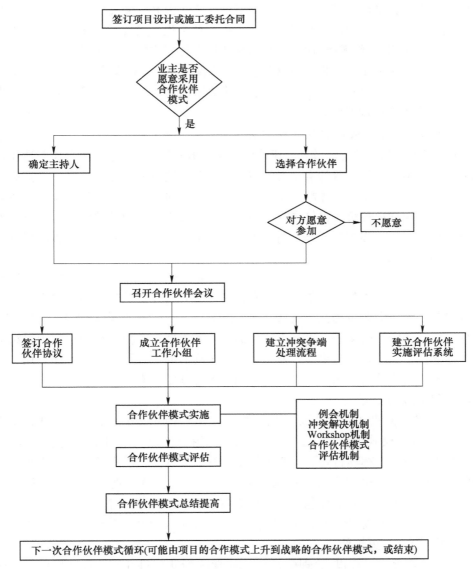

图 2-1 合作伙伴模式的实施流程图

2.1.2 传统项目管理模式

2.1.2.1 传统项目管理模式的范围界定

工程项目管理模式伴随着社会生产发展和科学技术进步所引起的专业化和协作化水平而不断地演变。学者毛友全指出选择正确的项目管理模式是决定建筑工程成功与否的关键性因素。从二十世纪五六十年代以来，经过国内外建筑工程管理领域的专家和学者的研究和努力，在工程实践中先后出现了很多种项目管理模式，尤其到了 20 世纪 80 年代，对于工程项目管理方法的创新更是达到高潮。目前，国内外普遍采用的工程项目管理模式归纳起来有 DBB 模式、DB 模式、EPC 模式和 CM 模式四种模式。相对于合作伙伴模式（Partnering 模式）而言，本书统称其为传统项目管理模式。

2.1.2.2　传统项目管理模式的类型

（1）DBB 模式（设计-招标-建造模式）。DBB 模式是一种国际上比较通用传统的模式，强调工程项目的实施必须按设计-招标-建造的顺序方式进行，只有一个阶段结束后另一个阶段才能开始。采用这种方法时，业主与设计单位签订专业服务合同，设计单位负责提供项目的设计和施工文件。在设计单位的协助下，通过竞争性招标将工程施工任务交给报价和质量都满足要求且或最具资质的投标人总承包商来完成。

（2）DB 模式（设计-施工一体化模式）。DB 模式是指由业主通过竞争性招标的方式所选定的承包商来承担设计和施工的所有责任，承包商在业主提供执行标准的基础上，向业主提交最终竣工建筑设施。即一个承包商对整个项目负责，减少了设计和施工的矛盾，可减少项目的成本和工期；在项目初期选定项目组成员，连续性好，项目责任单一，业主可得到早期的成本保证；减少管理费用、减少利息及价格上涨的影响；在项目初期预先考虑施工因素，可减少由于设计的错误和疏忽引起的变更。

（3）EPC 模式（设计-采购-建设模式）。EPC 模式又称为交钥匙模式，是设计-施工一体化模式的延伸。业主通过竞争性招标将建设项目委托给总承包人，业主几乎不参与工程项目建设，业主的工作量大大减少，承担的风险也更小，总承包人对建设工程的"设计、采购、施工"整个过程负总责、对建设工程的质量及建设工程的所有专业分包人履约行为负总责。EPC 类似于 DB 模式。业主仅提出项目的需求和意图，承包商完成剩余工作，但是 EPC 模式的前期工作相对 DB 模式会更多、更延伸。

（4）CM 模式（建设-管理模式）。CM 模式指从项目开始阶段就雇用具有施工经验的单位参与到建设工程实施过程中来，这种模式改变了过去那种设计完成后才进行招标的传统模式，采用分阶段发包，打破了传统模式中业主和工程师以及承包商之间的固定关系。业主、CM 单位和设计单位组成一个小组，共同组织和管理工程的规划、设计和施工，在确定总体方案后，对设计工作完成部分进行竞争性招标发包给总承包商。

通过上述分析可知，传统的项目管理模式下在承包商的选择问题上引入最大限度上的竞争将获得最低的建造成本。然而承包商在巨大的竞争压力下，往往在报价中计入很低的风险费用和利润，采取"低价中标，索赔获利"的策略，靠工程变更、调价、索赔等方式获得利润补偿，从而建设项目绩效不理想。

2.1.3 合作伙伴模式与传统项目管理模式的比较

通过第2章对合作伙伴模式文献综述以及传统项目管理模式归纳基础上，可以看出二者虽然都是对建设项目实施管理，但有着本质的区别。传统项目管理模式则是各参与方从个人利益出发，以个人利益为重，只是单纯的合同关系，因此建筑行业的效率较低。合作伙伴模式是业主与承包商在相互沟通、相互理解的基础上建立合作关系将其贯穿到工程项目建造中获得双赢的项目管理过程，打破以往管理模式的那种单纯为了建设活动而建立的纯粹合同关系，通过建立共同目标、彼此合作产生了信任、健康的工作关系，提高了项目绩效。合作伙伴模式与传统项目管理模式的比较见表2-2。

表2-2 合作伙伴模式与传统项目管理模式的比较

模式类别	传统项目管理模式	合作伙伴模式
目标	三大目标的控制按照预定的投资、进度和质量目标的完成项目	共同的项目目标，在实现甚至超越业主的预定目标的同时，充分考虑项目其他参与方的利益，着眼于不断提高和改进
关系	对抗合同关系	合作关系，着眼于问题解决
信任	建立在完成项目的能力上	建立在共同的项目，长期合作的基础上
回报	根据项目完成情况的好坏，承包商有时会得到一些奖金或接到新的工程	认为工程项目产生的结果很自然彼此共享，各自都实现了自身的价值；有时会就工程项目实施过程中产生额外的收益进行分配或接到新的工程
实施期限	项目或合同设定的期限	可以是一个工程项目，也可以是多个工程项目的长期合作
评价衡量系统	周期性的进度、投资检查与控制	建立目标评估系统，全过程控制
合同	具有强约束力的传统的法律合同	具有强约束力的传统合同加上非合同性伙伴式管理模式协议
运作特性	由业主与承包商或联合体、合作体签订合同或总承包商对整个工程实行"交钥匙"模式	项目参与的各方目标融为整体，考虑各方的利益同时满足业主甚至超越其预定目标，突破传统组织界限，不断提高和改进
缺点	各方的矛盾争端不容易调解，靠索赔等手段平衡各方利益	伙伴是临时共同体的主持人，责任重大，需要协调能力和管理能力综合素质较高

2.2　建筑工程合作伙伴模式的两种类型

CII 根据各参与方伙伴关系缔结时间的长短和层面将建设工程合作伙伴模式分为项目合作伙伴模式（Project Partnering）和战略合作伙伴模式（Strategic Partnering）。

2.2.1　项目合作伙伴模式

项目合作伙伴模式是指在两个或两个以上的组织之间，为了获取短期项目的商业利益，充分利用各方资源而做出的一种相互承诺。参与项目的各方共同组建一个工作团队，通过工作团队的运作来确保各方的共同目标和利益得到实现。项目合作伙伴模式是基于一个工程项目来实施，此时各合作伙伴所获取的商业利益来源于该项目顺利实施，各方所做的相互承诺也仅限于该项目的实施过程。当该项目结束时，相互承诺便消失，项目合作伙伴模式结束。该模式主要是指基于短期的、单个的建筑项目的合作。

2.2.2　战略合作伙伴模式

战略合作伙伴模式是指在两个或两个以上的组织之间，为了实现长期特定的商业目标，充分利用各方资源而做出的一种长期承诺。这种承诺需要将组织间传统的关系转变为共享文化的关系，而不受组织边界的限制。这种组织间关系是建立在信任、对共同目标的奉献、对对方各自的期望和价值观充分理解的基础之上。所期望的利益包括提高工作效率、降低成本和不断提高产品和服务的质量。战略合作伙伴模式业主与承包商对利益的获取不只停留在当前项目，更注重长远利益。由于各参与方之间突破组织边界，实现企业文化共享，使得合作关系比项目合作伙伴模式更牢固。战略合作伙伴模式是指长久型与多项目的合作模式。

2.2.3　两种合作伙伴模式的区别

许多学者对于这两种建设工程合作伙伴模式也进行了研究，Cheng 和 Li 在文献中对两者的不同属性及特点加以详细区分。Cheng 和 Li 指出建设工程项目合作过程的三阶段模型，即形成阶段、应用阶段和完成阶段，而完成当前工程项目后与同一个承包商又开始下一个新的工程项目的三阶段合作过程则就形成了战略合作伙伴模式。Cheng 和 Li 还研究了影响这两种类型的关键成功因素，总结出高层管理者的支持、开放交流、有效的协调、充足的资源、合作解决问题、奉献团队的建设、合作协议与相互信任对于项目合作伙伴模式与战略合作伙伴模式都是关键成功因素；而工作室及推动人仅仅影响项目合作伙伴模式的成功，长期承诺、持续改善、营造学习氛围和具有合作伙伴模式经验仅仅影响战略合作伙伴模式的成功。

Pena-Mora F 和 Love S 认为项目合作伙伴模式既可以用于公立性项目也可用于私立性项目，战略合作伙伴模式更适用于想要继续保持长期合作的私立性项目。Ellison 和 Miller 认为战略合作伙伴模式是一种比项目合作伙伴模式更为成熟、可靠的合作模式，但带来更多收益的同时也可能具有更大的风险。Sundquist V 通过案例调研与文献分析指出项目的合作伙伴模式向战略的合作伙伴模式转换的两个基础，即在时间与空间方面的延展；同时也指出依赖竞争性报价和分权是转换的障碍。学者孟宪海将这两种不同合作伙伴模式与传统管理模式的适用性进行了对比，指出项目合作伙伴模式适宜一般大型项目，而战略合作伙伴模式适宜于项目群。后期又通过实证分析验证两种不同合作伙伴模式下合作关系对建筑项目绩效的影响，指出采用战略合作伙伴模式则项目绩效毫无疑问优于传统的管理模式和项目合作伙伴模式下的绩效。学者姜保平对两种合作伙伴模式定义中的工作团队、目的、承诺、合作关系进行了辨析，指出了它们的不同之处，见表 2-3。孙凤娥基于合作伙伴模式的两种不同合作策略，从开发商、承包商及分包商三方博弈的视角分别探讨了项目合作策略和战略合作策略下的利益分配模式。

由表 2-3 可见，项目合作伙伴模式与战略合作伙伴模式不同，业主与承包商只有能够成功实施项目的合作伙伴，才可以为将来能继续保持长期的合作伙伴关系，为顺利进入战略合作伙伴阶段提供前提保证。战略合作伙伴模式通常只在业主与承包商有过一次或多次成功合作经验之后才会出现。在建设行业实践中，战略伙伴合作很难一蹴而就，单项目合作伙伴模式是战略合作伙伴模式的基石。

学者 Barlow 指出建设工程项目合作伙伴模式与战略合作伙伴模式的基础是类似的，但它们仍然具有截然不同的功能、实施过程和实施内容，应该分别研究。本书正是基于这一全新的视角开展研究的。

表 2-3　项目合作伙伴模式和战略合作伙伴模式区别

模式类别	项目合作伙伴模式	战略合作伙伴模式
工作团队	参与项目的各方共同组建一个工作团队，通过工作团队的运作来确保各方的共同目标和利益得到实现，项目结束团队即解体	长期稳定的工作团队，不局限于一个项目，而是着眼于长期的多个项目，团队成员之间要有长期合作的意识和思想准备，立足于培养长期合作的关系
目的	为了获取短期特定的商业利益，充分利用各方资源	为了实现特定的商业目标，充分利用各方资源，所期望的利益包括提高工作效率、增加创新机遇和不断提高产品和服务的质量

模式类别	项目合作伙伴模式	战略合作伙伴模式
承诺	相互承诺是针对一个特定的项目，承诺的期限也就限于该特定项目的实施期	长期承诺涵盖连续多个项目的长期合作，承诺期限不限于某特定项目的实施期，这种承诺将组织之间传统的关系转变为共享文化的关系
合作关系	没有建立更深入的、密切合作关系的要求，不涉及共享文化及突破组织边界的限制，仅仅满足项目这一层次合作的基本要求	需要将组织间传统的关系转变为共享文化的关系，而不受组织边界的限制

2.3　其他关键概念

2.3.1　业主

在工程建设领域中，业主通常指同时具有建设工程项目的需求和具有建设工程项目的资金以及经过相关部门批准的准建手续，并最终获得产品所有权的企事业单位、政府部门以及个人。在我国，一般通称为甲方或者建设单位，而在国际工程中则称为业主。业主对工程项目的全过程负责，主要包括前期的工程项目规划、设计、筹资，中期的工程项目建设以及后期的生产经营、归还贷款等。

2.3.2　承包商

在工程建设领域中，承包商是建筑产品的卖方，需要同时具有承包建设工程项目的专业资质和一定的机械设备、施工人员、资金等专业技术条件，并且能够按照建设单位或者甲方的要求，建造符合标准的建筑产品，以此建筑产品得到相应的工程款。在我国，一般通称为乙方或者建筑企业，而在国际工程中则称为承包商。承包商按照承包方式的不同可分为总承包企业、专业施工企业和劳务分包企业；按照承包商所提供的主要产品的不同可分为公路、铁路、水电、市政工程等专业公司。承包商通过在业主招标过程中中标而成为建设项目的承包单位，是工程项目进行建设的主要力量，直接关系到项目的成败。本书中所指的承包商是建筑承包商，即施工总承包企业。

2.4　相关理论基础

2.4.1　交易成本理论

1937 年，罗纳德·科斯在《经济学》上发表了论著《企业的性质》，首次提出了交易成本理论。1975年，威廉姆森在《市场和等级制》一书中对科斯的交易成本理论从深度与广度上进行了发展与完善。威廉姆森提出了"契约人"的假设，提出了交易成本理论的两个前提：一是有限理性，是指经济活动中对信息、知识的感知和认识的能力是有限的，在获取、加工、处理信息和信息失误付出一定的费用；二是机会主义，是指在双方信息不对称和有限理性的前提下用各种投机取巧的办法欺骗交易对手来实现自我利益，增加了市场交易成本。

交易成本理论认为，企业和市场这两种资源配置机制可以互为替代，有限理性、不确定性、机会主义等因素产生较高的市场交易费用。企业替代市场，是因为通过企业交易而形成的交易费用比通过市场交易而形成的交易费用低。交易费用的高低不仅决定了企业的存在与扩张的意义，而且企业采取不同的组织形式的目的也是节约交易费用。企业间的合作伙伴关系是对市场或者层级结构的一种补充方案。一方面，由于合作伙伴之间为了共同的利益，会自觉地避免机会主义行为，以维持这种合作伙伴关系，从而避免由于机会主义而带来的交易成本的增高以及监控的成本；另一方面，对于那些不是公司的核心竞争能力或者那些成本太高、难以管理的产品，合作伙伴关系会帮助企业避免内部化生产及其产品的需要。建筑业中采用合作伙伴模式代替传统对立关系的原因是将业主与承包商建立合作关系，使交易能以连贯的方式进行，并使业主和承包商更多关注项目本身，从而减少部分合同管理的费用，减少了为达成企业间协议支付的交易成本、交易的数量和价格能以更便捷的方式实现。如信息搜寻费用、签约和实施交易的协调费用等，以及市场结构中的贸易壁垒和威胁会减少或降低，即降低了交易成本。

威廉姆森指出资产专属性、交易不确定和交易频率是影响交易费用的主要因素。资产专属性是指在不损失资产生产价值的情况下，能够重新配置资产的程度。资产专属性越高，可重新配置资产的程度越低。资产专属性增强了各类交易和治理模式的交易费用。由于建设工程项目具有一次性的特点，投入的大型设备或特定项目的专用设施体现了实物资产专属性高，建设场地的专属性和复合型技术人才都会成为"沉没成本"。威廉姆森指出当资产专属性很高时，则企业之间通过合作协议联合起来，可以降低资产专属性高带来的较大交易费用。交易的不确定性会给交易双方造成履约的风险。业主与承包商建立伙伴关系能够将企业联系在一起，增强共同抵御风险的能力，形成企业间的关系性资产，给双方带来"关系型租金"，也构成了伙伴企业之间的一种"抵押资产"，降低双方交易不确定性。频繁的交易意味着反复签约，导致较高的签约成本和交易成本，如果企业与某些较为固定的供应商进行交易，可建立一种长期稳定的伙伴关系，签订明确的长期合作契约，从而可减少签约成本与交易成本。

2.4.2　合作博弈理论

1944 年，冯·诺依曼和摩根斯坦恩合著的《博弈论与经济行为》一书中正式提出博弈理论。1950—1953 年，纳什和夏普利分别提出了著名的"讨价还价"模型，同时塔克也在 1950 年提出了著名的"囚徒困境"模型，为开启博弈理论研究奠定了坚实的基础。

博弈论根据博弈双方能否达成具有约束力的协议而分成合作博弈和非合作博弈。合作博弈是指在这种博弈中，博弈者能够谈判达成一个有约束的协议以限制博弈者行为，使之相互采取以一种合作的策略。如果博弈者无法通过谈判达成一个有约束的协议以限制博弈者的行为，则该种博弈为非合作博弈。在合作博弈中，合作利益应大于内部成员各自单独经营时的收益之和。

业主和承包商之间的利益虽然存在共同目标，即降低成本、提高质量、缩短工期，但是在建设项目的实施过程中，却并不完全一致。在传统的合同关系下各方都试图从各自的协议关系中获得最大利益，结果往往是任何一方都未能实现这个愿望，当前的合同仅仅是一种当出现问题时寻求获得补偿或为自己推脱责任的依据。最终的结果是项目的质量不可靠，需要耗费大量的时间进行各种检查。同样由于缺乏完备的信息，各参与方不按承诺按期完成各自的工作，项目的工期无法保证。这种博弈双方之间的利益关系对立，导致结果是"你输我赢""此消彼长"的零和博弈，陷入"囚徒困境"。

合作伙伴模式是各参与方之间选择合作达成共赢的博弈。业主和承包商作为理性的决策者，双方在项目初始阶段确定合作伙伴模式之后，为了防止由于一些环境、内部组织等因素使得对方不能继续实施合作伙伴模式选择背离目标。合作协议作为一种能够使得作为理性人的博弈参与方相信对方采取合作伙伴模式而采取其的担保，具有一定的约束力，约束力是来自第三方的威信以及惩罚制度的可靠性，背离合作伙伴协议的一方要接受较大力度的惩罚。合作对双方都有利，若一方合作而另一方先背离了合作伙伴协议的话，背叛的一方就要接受较大力度的惩罚；若项目参与双方不顾利益的损失同时背离了合作协议，双方即按照无合作协议时继续实施项目，双方由于沟通、信息共享以及高管的工作时间是无法弥补的，最后反而使双方都受到背叛的惩罚，总的结果最差。显然在合作伙伴协议具备约束力且第三方机构具备专业的合作知识并能够坚持公平、公正时，项目管理过程中在一次博弈中实施项目合作伙伴模式能够显著提高参与方的收益。故两人博弈时采取项目合作伙伴模式的收益大于任何一种情形下两人博弈时未采取项目合作伙伴模式时达到均衡的收益。由此可知采取项目合作伙伴模式应用于两人博弈中能够实现联盟收益最大的目的。

在现实工程中，特别在大型的工程项目中，业主一般长期有投资活动，奠定了业主与承包商等工程参与方的长期战略合作的基础。业主与承包商面临重复博弈的情况，参与博弈的各方会依靠记忆来寻求值得信任的合作伙伴。因为每个人的理性都会对合作还是不合作所产生的利益大小，进行斟酌比较，最终会发现通过合作得到的利益往往比个人单独进行决策得到的利益要大得多，从而会选择一个使自己利益最大、社会利益最大的有良好信誉的合作伙伴。因此参与各方就不仅要考虑眼前利益，还要顾及长期收益及声誉问题，其行为会越来越趋于理性，参与者之间也会达成越来越多的共识和协议，从而增加了彼此间的信任和沟通，参与者就可能会为了获取长期稳定的收益或得到将来对他有价值的声誉收益而在早期主动选择合作策略，从而实现收益上的帕累托最优，实现非合作博弈转向合作博弈。重复博弈不仅体现在博弈各方承诺参与的长期战略合作的大循环上（战略合作伙伴模式），也体现在每个分项目或每次的工作会议中对协议及各方在工程中产生的争端的反复修改、补充与解决的小循环上（项目合作伙伴模式）。

2.4.3 建筑供应链理论

供应链管理从 20 世纪 80 年代中期以来已经在制造业得到了广泛的应用，它基于集成化思想和合作竞争理论，将制造企业生产产品过程中涉及的所有活动（物流、信息流、资金流）和所有参与方（供应商、制造商、分销商、零售商、客户等），利用管理的计划、组织、指挥、协调、控制和激励职能进行集成化统一管理与控制进行最佳组合，不仅缩短了产品的生产周期，提高了产品的质量和可靠性，降低了库存，而且以最小生产成本为用户提供最大的附加值，整个链条达到最优绩效。

供应链由所有加盟的节点企业组成，这些企业形成一个企业网络，企业与供应链上其他企业之间的关系从传统的企业关系，逐渐走向战略合作。良好的供应链合作关系可以使企业将各方资源进行高效的配置和利用，对市场变化迅速做出反应，在产品质量、交货时间等方面得到改善和提高，最终实现供应链各个节点企业共赢。与传统的企业关系相比，供应链的合作关系更强调合作和信任，实现机会共享和风险共担。沟通、信任、承诺和协调是供应链关系形成的重要度量因素。

建筑业不同于制造业，是一个劳务密集型产业，建筑产品的固定性、多样性、建造周期长的特点决定其生产程序复杂，参与单位众多，一个建筑产品的完成不仅要经过可行性分析、立项、审批、设计、施工、运维等许多环节，而且还需要业主、设计院、承包商和供应商等各方的参与，据统计建筑产品成本的 30%消耗在管理和协调等非增值环节，这就要求建筑企业有很高的资源整合能力和生产管理水平。因此大批工程管理领域的专家和学者致力于将供应链管理理论与思想扩展应用到建筑业中。

建筑供应链管理以总承包企业为核心，总承包企业与业主、设计方、分包方和供应商组成一个具有价值创造能力的网络结构，通过对物流、信息流和资金流的控制，将供应链上各节点企业加以整合，即从工程投标、咨询、设计、材料采购到工程的施工，再到最后的工程竣工、验收、移交业主等各环节都通过供应链进行系统、高效地管理以使各节点企业间协同工作，将业主需求的产品在正确的时间、正确的数量和质量、正确的状态交付给业主，从而达到降低物流和建造成本、提高工程质量和效率、提升对业主的服务水平、整个供应链的总成本最小而收益最大。

建筑供应链管理与合作伙伴模式相似，总承包企业作为建筑供应链的核心企业，在建设项目的整个寿命周期内，整合建筑供应链上各个成员企业的资源、优势和核心竞争力，与设计单位、材料及设备供应方、监理方等在一定时期内相互协作、共享信息、分担风险、共同获益，将各个成员企业的目标与整个工程项目的成功紧密联系起来，确保整个建筑供应链的效果最佳。随着建筑市场的竞争日益激烈，建筑企业不仅要保证当前项目的成功，还要考虑企业的可持续发展，这与合作伙伴模式的管理理念完全吻合。

2.4.4　战略联盟理论

战略联盟概念最早是由美国 DEC 公司总裁简·霍得兰德和管理学家罗杰奈杰尔最早提出的。战略联盟是指两个及以上企业从共同的目标和利益出发，在保持自身一定的独立性的同时，为了实现战略联盟的共同战略目标（可能包括资源整合、风险共担、降低成本、优势互补或者提高市场占有率等），通过参股、控股或者协议联合起来形成的一种较为稳定的伙伴关系。

战略联盟实质是组织松散结合的一种新型合作方式。战略联盟的各个成员都是彼此独立的利益主体，成员之间的合作是自愿选择的结果，并非超越经济力量干预的被迫选择。战略联盟企业间的关系也不一定都是正式关系，当机遇来临时，各企业会共同合作；而当企业目标发生变化，原来联盟中的组织成员可能脱离原有联盟去寻找可以实现其目标的新合作伙伴，战略联盟随之瓦解。

战略联盟强调互惠合作而非互补合作。联盟的目标是企业为了更好地利用资源、降低成本、获得更大的竞争优势。当企业发现仅仅依靠自身单独力量很难达到某些预定目标时，联盟各方基于互相利益，交换或整合特定资源，相互配合，从而形成战略联盟企业间的合作。虽然联盟企业的合作有时不一定能够在短期内赢利，但从战略层面视角考虑联盟企业共有的长远经营环境和经营条件，可能发现短期内的暂时退让会获取更大的长远利益，因此联盟的方式与结果可能是对企业未来竞争环境的长期谋划，具有战略性。

　　建立组织结构松散的战略联盟，既可以组织发挥与各自的特性与长处，提高联盟企业的运作速度，适应激烈竞争所导致的动态发展，增加联盟的整体效益，提供最佳的产品或服务满足顾客需求；同时企业又可以与其他企业建立合作关系，在共享外部资源的基础上，加强技术交流相互协调配合，共同抵御风险，共同创造出任何一方都无法单独实现的生产价值，实现战略共赢。

　　合作伙伴模式与企业间的战略联盟在运行机制和组织结构上有相似之处，即合作伙伴模式是专属于建筑工程领域中的一种狭义的战略联盟。因此，基于应用领域广泛且成功案例更加丰富的战略联盟理论对合作伙伴模式进行深入研究更有利。

3 项目合作伙伴模式下承包商选择的关键合作因素分析

　　建筑行业招标法规定在使用国有资金投资或者国有资金投资占控股的工程建设项目中，必须进行公开招标，那么每一个项目开始运作时都要重新选择建设项目的承担者，则合作伙伴之间的长期合作就很难实现。因此这种情况下业主与承包商很难采用战略合作伙伴模式，只能实行项目合作伙伴模式。本章的目的是识别项目合作伙伴模式下业主选择承包商的关键合作因素。首先采用扎根理论从选择承包商研究视角对企业管理人员的访谈资料进行三级编码，归纳出该模式下选择承包商时需关注的关键合作因素，进而提出关键合作因素与项目绩效之间的影响关系假设，通过因子分析与结构方程进行实证检验，为构建项目合作伙伴模式下选择承包商评价因素体系提供理论支撑。

3.1　项目合作伙伴模式下的关键合作因素识别

　　通过第 2 章内容可以看出学术界对于建设工程两种不同合作伙伴模式下影响项目成功的合作因素研究存在不足，造成现有研究成果无法有效解释和指导中国工程管理实践。故本章运用扎根理论这一适合于探索社会关系问题的质性研究方法，对项目合作伙伴模式下业主选择承包商的关键合作因素进行探索性的分析。扎根理论（Grounded Theory）是由美国芝加哥大学 Barney 和哥伦比亚大学 Anselm Strauss 两位学者共同开发出来的一种定性研究方法，是用归纳的方法对现象加以分析整理获得结果。扎根理论的一个基本原则是避免"先入之见"，在应用扎根理论研究之前一般没有理论假设，直接从实际观察入手，从原始资料中归纳出经验、概念，然后上升到系统的理论。该研究方法的核心是资料分析过程，首先通过访谈对原始定性资料开展收集，在此基础上进行开放式编码、主轴编码及选择性编码对资料概念化、范畴化，并经过进一步分析，在概念和范畴之间建立联系，最终完成概念模型的建立。目前这个方法在企业管理领域中的应用研究日益增多，并且日益成为各类顶级管理学杂志中引用频繁的研究文献。

3.1.1 数据采集

本书采用问题聚焦访谈法和文献分析的方法进行资料收集。问题聚焦访谈法属于定性研究方法，半结构化访谈是其具体的应用形式，是扎根理论常用的一种数据收集方法。结构化访谈一般是按照事先准备好的访谈提纲与受访者进行非正式的访谈，研究者可依照访问提纲的次序逐项询问，也可根据采访时的实际情况灵活地做出调整，允许被访者根据工作实际情况对问题进行扩充回答。另外，由于受访者代表性还不够全面，本书还结合了相关文献资料的收集分析，以期提供扎实的理论基础。

半结构性访谈主要是利用一级注册建造师培训的机会，同时也利用个人人脉采访了一些企业的管理人员，每次访谈都是通过面对面方式进行，访谈时间基本控制在30~40 min，同时在访谈过程中根据具体情况不断地适当进行有效追问。选取的受访者主要是具有建筑工程项目合作伙伴模式经历的业主与承包商企业中的中高层管理人员，并且所筛选的受访者均具有工程类本科学历或学习经历，受访者具有较好的理解能力能保证访谈的效度。为了提升访谈数据的可靠性，筛选的访谈对象主要来自7个业主单位与8个总承包商单位，每个单位2人，通常选择20~30份数据最为科学。具体访谈对象基本信息见表3-1。为了对理论模型进行饱和度检验，本书将30位受访者分为两组，随机抽取其中20份（2/3）访谈记录用于理论模型搭建，剩余10份（1/3）用于理论饱和度检验。本书的访谈内容主要分为两个方面：一是"对项目合作伙伴模式的认识和具体项目实践情况"；二是"影响项目合作伙伴模式成功合作因素的调查"，访谈提纲见表3-2。

表 3-1 访谈对象基本信息

内容	所占比例	内容	所占比例
单位职能	业主46.7%	职位	高层干部53.3%
	主承包商53.3%		中层干部46.7%
企业性质	国企40.0%	工作年限	5~10 年 10.0%
	民营企业26.7%		10~15 年 46.7%
	国企改制的股份公司33.3%		15 年以上43.3%

表 3-2 访谈提纲

访谈主题	主要内容提纲
对项目合作伙伴模式认识	您认为项目合作伙伴模式与战略合作伙伴模式有什么区别
具体项目实践情况	您从事过的项目合作伙伴模式有成功的吗,具体谈谈原因
项目合作伙伴模式成功影响因素的调查	(1) 您认为实施项目合作伙伴模式有哪些合作因素与阻碍因素; (2) 对于合作因素,您能再深入谈一谈吗,例如与目前传统关键影响因素的区别
追问访谈内容	(1) 您认为这些合作因素要求承包商应该具备哪些软能力; (2) 具体在选择承包商时候怎么能有效衡量这些标准

3.1.2 数据编码

3.1.2.1 开放性编码

扎根理论开放性编码分为将逐字稿标签化、将标签概念化和将概念类属化三个步骤。首先进行标签,共得到 336 条原始语句,对这些信息完整语句进行意义判别,整理后共获得 244 条原始语句。然后对原始语句不断比较、提炼、甄别和再比较,形成 46 个初始概念,将初始概念进行整理和范畴化,范畴化后的结果即为基于选择承包商视角识别出来的影响项目的合作伙伴模式下成功的合作要素。由于篇幅所限,只摘取部分原始语句。开放性编码过程及结果见表 3-3。

表 3-3 开放性编码过程及结果

访谈文本中代表性的原始语句	概念化	范畴化
(1) 业主与承包商合作成功如果企业的领导要参与概率大些; (2) 项目建设最好高级别的领导来负责前期的准备工作; (3) 表明态度积极; (4) 企业领导多支持,像技术人员、设备、资金等; (5) 领导检查指导项目时间长,从企业层面给一些建议与支持	领导参与 资源投入 支持 指导	高层支持
(1) 如果业主与承包商的目标一致,业主也愿意与承包商一起工作; (2) 双方工作风格类似,就像都是国企或者发展历史类似,成功概率大; (3) 业主与承包商不要斤斤计较利润,应该看到项目带来的综合效益,项目的口碑对双方都会带来好处的	目标 类似 风格 双赢	目标一致

访谈文本中代表性的原始语句	概念化	范畴化
（1）业主想合作最好把在项目内的工程资料公开，平等对待各方，避免信息不对称； （2）业主与承包商想合作应该合理分担风险，不要把风险转嫁给承包商，利益也是合理分配，有利于项目成功； （3）业主不要把承包商看成雇员，应该当作一起合作的伙伴，在项目部都是不同分工，应该公平合作； （4）业主与承包商的实力应该相当，地位平等，互惠互利，关系才会更融洽	平等 公平 共享 合作伙伴 分工不同	地位平等
（1）业主与承包商合作想要顺利，出现冲突好好协商解决，不要激化矛盾，伤感情； （2）项目实施过程中出现问题可以现场及时解决，最好不惊动高层； （3）遇到问题赶紧解决别拖延影响项目进度，初次合作施工过程中肯定有分歧，小问题可以相互体谅，协商解决，不要影响初次合作关系，本来初次合作问题就多； （4）业主与承包商想要合作成功，承包商能面对各种各样的不确定因素，出现问题能有方案解决	问题解决 冲突解决 及时解决 底层处理 应对	冲突解决
（1）组织内关于思想、知识、技术、信息等资源可以通过不同的交流渠道在本项目内自由流动； （2）各种观点与想法大家可以在项目内公开，不要相互隐瞒，不要相互怀疑，观点公开，相互信任更有利于合作； （3）业主与承包商各种工作的信息完全公开，有利于员工明确工作要求，更有利于完成工作目标，不至于耽误时间； （4）业主更愿意与具有市场或者外部资源的承包商合作，并且可以与合作伙伴共享	观点公开 自由 无阻碍 完全提供 掌握资源	公开交流
（1）业主与承包商要沟通好，在业务上及其他方面承包商要有较强的沟通能力； （2）合作成功承包商要善于沟通，项目进行过程中有些事情沟通不好会引起矛盾； （3）初次合作肯定问题不少，承包商遇到问题多与业主沟通，善于协调各种关系，遇到大大小小的麻烦事能解决； （4）业主希望承包商解决很多意料之外的问题能力要强	协调 沟通 解决 联系	沟通协调
（1）企业的关键核心技术人员资源丰富，企业的氛围好，员工流动性低； （2）项目部的管理人员具有合作精神，项目部氛围融洽，顺利施工； （3）员工素质好说明企业文化也优秀，也能吸引优秀的员工加入，承包商也愿意合作，且会避免很多麻烦	团队优秀 人员丰富 合作精神 员工稳定	优秀合作团队

访谈文本中代表性的原始语句	概念化	范畴化
（1）承包商有过与业主合作的经历，并且合作顺利非常成功，没有索赔诉讼事件发生等； （2）如果业主都愿意与这个承包商合作，说明承包商素质较好； （3）一些声誉好的承包商（业主）的合作意愿高，因为声誉好的承包商（业主）不太可能偷工减料（业主不会克扣工程款），合作能顺利一些； （4）声誉好的企业注重业内形象，不会轻易打官司	合作经历 合作素质 口碑 形象	合作经历
（1）双方都要了解合作的具体理念才能更好地工作，最好项目部中的成员都参与过合作伙伴模式项目； （2）其实合作理念不仅高层知道，具体实施的基层更应该了解，项目部的人员明白其中的道理，合作起来可能更顺利； （3）现在虽然每个业主或承包商都有合作伙伴，并且在项目里也强调合作，但是合作的一些理念有些员工不太明白，应该深入学习	合作理念 理解 学习 掌握	理解合作理念
（1）业主相信承包商不会利用设计合同的漏洞欺骗业主，承包商也相信业主能按合同办事； （2）如果业主与承包商相互不信任，那项目不可能成功； （3）项目有变更双方都能相信正常的，不是恶意索赔变更； （4）业主不要总监督承包商，要相信承包商的能力与素质	相信 不欺骗 不恶意 信任	相互信任

3.1.2.2 主轴编码

主轴编码是寻找各个概念范畴之间的联系来发展主范畴，即将原始资料以更清晰的方式整合起来，从而使各个类属之间的各种联系变得更具体，挖掘出副范畴和主范畴之间可能存在的相互关系。在主轴编码过程中，参考多篇国内外关于联盟伙伴选择以及供应链合作伙伴选择的文献，结合建筑工程项目合作伙伴模式的特点，从选择承包商的视角得到 4 个主轴编码下的主范畴，即合作意愿——高层支持、目标一致、地位平等；合作能力——冲突解决、公开交流、沟通协调；合作信誉——优秀合作团队、合作经历；关系能力——理解合作理念、相互信任。具体主轴编码过程和结果见表 3-4。

表 3-4 主轴编码过程和结果

副范畴	主范畴
高层支持	合作意愿
目标一致	
地位平等	

副范畴	主范畴
冲突解决	
公开交流	合作能力
沟通协调	
优秀合作团队	合作信誉
合作经历	
理解合作理念	关系能力
相互信任	

3.1.2.3 选择性编码

选择性编码的关键在于确定核心范畴，并围绕核心范畴系统地整合各个范畴之间的关系，形成一个完整的解释架构，可以串成研究故事线。本书确定项目合作伙伴模式下选择承包商时的关键合作因素为选择性编码的核心范畴，围绕这一核心范畴可解释为业主与承包商合作双方具有合作意愿为内在驱动，选择合作信誉好的承包商为前提，注重关系能力与合作能力的行为表现，才可能有益于合作项目的成功。因此，"合作意愿""合作能力""合作信誉"和"关系能力"四个主范畴可以作为项目合作伙伴模式下选择承包商时关键合作因素的特征表现，具有一定的解释力。

3.1.2.4 饱和度检验

理论饱和度检验是在不获取额外数据的基础上，进一步发展某一个范畴特征来停止采样。为保证扎根理论研究过程的科学性以及研究结果的准确性，本书对剩下的 10 份（1/3）访谈记录通过编码和分析等相同的研究方式去重新编排。结果表明，除已知的四大范畴外没有发现新的范畴和关系。即对早先采用的 20 份访谈记录所进行的开放性编码、主轴编码和选择性编码后所获得的四个主范畴并没有产生新的范畴和关系。由此本书认为，初步建立的选择性编码在理论模型上是饱和的。

3.1.3 项目合作伙伴模式下关键合作因素及项目绩效的界定

通过扎根理论三级编码归纳出该模式下业主选择承包商的关键合作因素，即"合作意愿""合作能力""合作信誉"和"关系能力"。下面将根据扎根理论访谈和编码得出的结果，结合相关文献分析，对相关变量进行界定。

3.1.3.1 合作意愿

合作是指两个或两个以上的个体为达到共同的目标而协调活动，以促进一种既有利于自己又利于他人的结果出现的行为。意愿是主体为实现一定的目标所表现出来的主观愿望和偏好，它导致了主观行为的产生。学者们对合作意愿的研究不多，刘志迎认为合作意愿就是指与他人进行合作的偏好。李云梅则认为合作意愿指各个主体积极参与的外部活动，积极寻求合作伙伴和外部资源的相互共享的行为意识。刘艳通过文献分析指出合作意愿是指行动者在一定的合作的愿望和要求支配下所表现出的愿意与人合作的意识倾向。本书借鉴上述学者的观点，并且结合扎根访谈的范畴维度，认为合作意愿指合作伙伴正在实行或者准备实行合作的积极程度。主要包括可依赖的程度、共担风险的意愿、对合作关系各个层次上的支持。

3.1.3.2　合作能力

Simonin 最早提出了合作能力的概念，认为合作能力是一套特定的用于管理联盟的知识和能力，包括问题解决、承诺和协调三个构成要素。后来学者们不断丰富了合作能力的内涵，Sivadas 和 Dwyer 指出合作能力是企业协调伙伴关系的能力；Schreiner 等认为合作能力是企业管理合作关系的结构、认知和情感的一系列协作行为和过程的能力。Eisenhardt 架构了一个集能力纵向整合和横向整合为一体的合作能力概念模型，提出合作能力是持续创新最为重要的，用来构建和管理合作关系的跨层次整合能力。于冬则借鉴企业资源能力理论的观点将企业之间基于信任等条件的合作称为原发合作能力，将企业合作意愿、动机等称为企业的合作创新即发合作能力。郑胜华基于企业网络协同演化的视角提出合作能力是指合作伙伴在相互信任、沟通和承诺基础上，核心企业发展起来的构建、管理、协调和控制网络关系的，用以提升网络运行效率的动态能力。本书参考 Simonin 的概念，结合扎根访谈的范畴维度，认为合作能力是指合作伙伴顺利解决问题与分歧，达成双方合作的能力。合作能力包括问题解决、避免分歧和协调三个构成要素。

3.1.3.3　合作信誉

《新华字典》将信誉解释为信用和声誉。《美国传统词典》关于信誉的解释是一个交易者在市场中给其他交易者留下的印象，这些印象来自他以前的交易。斯坦恩商学院的名誉教授 Fombrun 对信誉给出了明确的定义，认为信誉是其过去所有行为以及结果的综合表现，它表明了企业为其利益相关者创造价值的能力。Dollinger 认为信誉作为合作伙伴在合作过程中对对方未来行为的一种心理预期，基于合作伙伴以往同类情景下的行为表现，是过去重复性活动的积累效应。但也有的学者认为信誉等同于声誉、信任而不做区分。或者认为信誉是声誉的一部分。叶蜀君指出信誉是以信用为基础一点点积累起来的，是抽象化的价值和声誉，也是长期以来区域性的社会群体对主体的信用表现及其信用抽象价值的评价。本书主要借鉴 Dollinger 的界定，认为合作信誉主要指合作伙伴在合作过程中的行为表现以及结果的积累效应的评价。

3.1.3.4 关系能力

目前学术界对企业关系能力缺乏一致的定义。Lorenzoni 认为企业关系能力是企业通过与合作伙伴建立以信任为基础的关系，以降低成本，获取特定知识，建立企业竞争优势的能力，相互信任、沟通和承诺是关系能力的主要元素。Knudsen 等进一步将其拓展，认为信息处理、沟通、知识转移和控制、内外关系的协调和管理、令人信赖和谈判技能等是构成关系能力的主要元素。Dyer 和 Singh 从关系租金创造和合作伙伴竞争力提升的角度，提出关系能力是企业建立、发展和管理伙伴合作关系的能力。Heimeriks 认为关系能力是一种有助于企业稳定地、可持续地获取、理解、消化与运用联盟管理知识的能力。国内学者曾伏娥和严萍把企业间关系能力定义为：企业稳定地与外部联盟伙伴开展战略性合作互动，获取核心异构资源并与组织内部资源有机整合以提升竞争优势的能力。吴家喜则将关系能力分为纵向关系能力和横向关系能力，纵向关系能力指企业通过价值链与客户和供应商等之间建立、维护和发展关系网络的能力；横向关系能力指企业与竞争对手、大学和科研机构、政府部门、金融机构、中介组织、行业协会等建立、维护和发展各种横向关系网络的能力。邱慧芳根据建筑企业客户的特点与类型给出客户关系能力的定义，指出客户关系能力是描述建筑企业用来管理与业主之间关系的能力，它是建筑企业基于积累性的知识，通过配置和整合企业内外部资源，主动识别并满足业主的需求，建立、维持和提升良好客户关系，从而提高企业绩效和竞争力的能力。根据上述学者的观点，本书参考 Lorenzoni 和邱慧芳的定义，认为关系能力是企业通过与合作伙伴相互信任、相互理解形成合作关系，发展和管理企业间关系，整合关系资源以提升竞争优势的能力。

3.1.3.5 项目合作伙伴模式下的项目绩效

根据相关文献本书定义合作伙伴模式下的项目绩效是指合作双方通过建筑项目合作所获得的经济性和非经济性收益的总称。Eriksson P E 认为合作伙伴模式下项目绩效评价与传统项目管理模式的绩效评价不同，不仅要考虑传统的铁三角"成本、工期和质量"，而且还要考虑影响项目持续成功的重要因素，即环境影响、工作环境和革新。Love 和 Holt 指出在现阶段项目绩效评价中更应注重非经济因素的多元化企业活动与绩效管理水平指标的量化评估，指出项目绩效评价应将企业战略、业务流程和股东需求等非经济指标融入其中。Mcgee 等将合作绩效分为相对绩效和绝对绩效，相对绩效以目标达成度、利润度和利润增长率来衡量；绝对绩效以客户满意度、物流成本、获利能力以及关系持续性来衡量。Zollo 等将合作绩效测量的维度分为直接绩效和间接绩效，直接绩效是指合作双方既定目标实现的程度以及合作目标实现的满意度；间接绩效是指企业从合作中获得的竞争优势。Ambrose 等从短期绩效和长期绩效来进行评价，指出合作伙伴间的短期绩效是为了通过市场效率来获取利润，而长期绩效则是着重于相互间稳定的关系和持续性价值最大化。Gransberg 等通过对得克萨斯州 400 多建设项目进行量化对比分析，主要从成本、工期质量、纠纷和索赔等方面来评价合作项目与非合作项目的绩效。Pinto J K 等从成本、计划坚持、项目技术能力和业主的满意度来评价建设项目的合作绩效。Anderson 等认为由于伙伴成员间合作目的或形式不尽相同、成果价值不一定能量化、成员投入资源不同等原因，纯粹以产出的客观指标来衡量颇为不妥；应该适当以定性指标做一辅助衡量。Lyles 等学者认为合作目标的实现程度可评价合作绩效的好坏。Mohr 指出合作关系的满意程度是衡量合作项目成功的重要因素。Goodman 认为对合作关系未来持续的预期反映出合作关系的绩效水平。武志伟等采用合作目标的实现程度、赢利能力的提高、合作的满意度和继续合作的意愿等几个主观指标作为企业间合作绩效的评价指标。因此，通过比较学者们的研究结论，结合建设项目合作伙伴模式的特点，本书认为项目合作伙伴模式下的项目绩效包含合作目标实现、赢利能力提高、合作满意度和关系持续性四个构成维度。

3.2　项目合作伙伴模式下关键合作因素对项目绩效影响的实证分析

3.2.1　关键合作因素对项目绩效影响的研究假设

根据关键合作因素的定义以及对建筑行业管理人员的深度访谈可知这些因素不同程度地影响合作伙伴模式下的项目绩效。建筑项目的用途与类型不同，业主可能关注的绩效也各不相同，将项目绩效细化到子维度层面，揭示关键合作因素与项目绩效子维度之间的作用关系及影响程度，可以帮助业主在选择承包商时做到有的放矢，但目前尚缺少理论的支持。因此本书参考国内外关于联盟伙伴选择以及供应链合作伙伴选择的文献，推演本书的理论假设并进行验证。

3.2.1.1　合作意愿与项目绩效

心理学认为意愿是主体为实现一定的目标所表现出来的主观愿望和偏好，它导致了主观行为的产生。主体的主观心理主导着其行为方式、行为特征和行为倾向，即从主观能动性角度出发，企业与外部资源进行合作的意愿会影响其合作行为。合作伙伴具有合作意愿，会以积极主动的态度投入合作中去，促使人克服各种阻力，去与人协调和沟通，达到相互理解和尊重达到心理相容从而自觉自愿采取的一致行动。

Wiklund 认为合作双方共同合作的意愿越强则互动越频繁，知识在企业间流动和整合的速度和效率也就越高，合作企业的竞争优势的提高就越快。Simonin 指出合作伙伴间共同合作的意愿降低了监督和控制成本进而使企业更容易从企业之间获取和分享知识和技术，减少了成员间冲突发生的可能性；共同合作的意愿强调成员间拥有共同的愿景和相似的战略目标，优化企业间的资源配置并实现信息知识在企业内部的有效流动。张宝生指出合作意愿是合作伙伴选择的前提条件。合作意愿直接影响着合作双方的知识、信息和技术等资源的投入度。闫莹从集群企业合作意愿出发提出了合作意愿在集群企业获取竞争优势中的作用模型，研究发现企业对合作意愿度的决策从根本上决定了企业所采取的行为，合作意愿度高不仅能降低合作成本，避免可能的风险，而且有助于相互学习、加深交流，并论证了合作意愿对集群企业获取竞争优势具有直接和间接两条作用途径。李云梅通过调查问卷收集数据并运用结构方程模型深入探究了合作意愿对协同创新成果转化的作用机理，发现产学研合作意愿对成果转化不具有显著正向影响，合作意愿作为产学研协同创新的前提，是成果转化的必要条件，而不是充分条件。基于以上分析，提出假设：

（1）H1，承包商合作意愿越强，项目绩效越好；

（2）H11，合作意愿对合作目标实现具有正向作用；

（3）H12，合作意愿对赢利能力提高具有正向作用；

（4）H13，合作意愿对合作满意度具有正向作用；

（5）H14，合作意愿对关系持续性具有正向作用。

3.2.1.2　合作能力与项目绩效

项目合作伙伴模式下业主与承包商初次合作，业主的投资期望、项目设想可能不被承包商所理解，而承包商的施工方案可能业主也不掌握。双方较早的沟通协调可以尽快化解信息不对称冲突，而不用通过外部仲裁、法律诉讼等方式，避免积重难返。问题解决可以化解企业间互动过程中的不确定性，增进合作的密切性。赵艳萍指出合作能力是一个企业具有的合作倾向性或与之合作的难易程度，并通过合作能力指数评分标准验证合作能力强则企业更加愿意合作。Lane 认为合作能力可以提高企业间的相似性，如果两个企业的资源、能力、组织结构等越相似，则冲突与分歧就会越小。乔恒利则从市场机遇识别、合作的价值链环节、合作意识和合作管理机构方面论证了合作竞争优势来自企业自身的核心能力和优秀合作能力。尚航标构建了海外网络嵌入、合作能力、知识获取以及企业创新绩效的模型，通过界定合作能力包括问题解决能力、承诺能力和协调能力三个潜变量进行了实证分析，验证了企业提升合作能力可以提升创新绩效。基于以上分析，提出假设：

（1）H2，承包商合作能力越强，项目绩效越好；

（2）H21，合作能力对合作目标实现具有正向作用；

（3）H22，合作能力对赢利能力提高具有正向作用；

（4）H23，合作能力对合作满意度具有正向作用；

（5）H24，合作能力对关系持续性具有正向作用。

3.2.1.3 关系能力与项目绩效

项目建设过程中业主与承包商的沟通、接触等交互作用频繁，合作伙伴之间相互信任会促进核心企业知识获取和知识转移，降低交易成本、降低工程造价、提高质量等效果。Tan 和 Tracy 经过文献分析指出供应链上的企业整合和协作关系导向强的有利于提升客户满意度和提升长期绩效。学者吴家喜将关系能力分为纵向关系能力与横向关系能力，并通过实证分析验证纵向关系能力对企业产品质量与市场绩效有正向影响。横向关系能力对企业产品市场绩效有正向影响。邱慧芳对建筑企业的客户关系能力与建筑企业绩效的影响机制进行了更为细致的探讨，指出客户的关系能力对于建筑项目层面绩效以及建筑企业层面绩效都有不同程度的正向影响。郑景丽从学习型联盟实证角度分析联盟能力、治理机制选择和联盟绩效的相互影响，指出在以获取非学习型资源为动机的联盟中，企业发展和维护关系的能力越强，其越倾向于同时加强联盟中正式治理机制和关系治理机制。同时，联盟中正式治理机制和关系治理机制对联盟绩效都具有积极的促进作用，但正式治理机制更有利于个体绩效的实现，而关系治理机制则对整体绩效的作用更大。郭炎通过文献综述和案例分析，证明伙伴关系中的高水平承诺和信任、高质量的沟通、与绩效正相关。基于以上分析，提出假设：

（1）H3，承包商关系能力越强，项目绩效越好；

（2）H31，关系能力对合作目标实现具有正向作用；

（3）H32，关系能力对赢利能力提高具有正向作用；

（4）H33，关系能力对合作满意度具有正向作用；

（5）H34，关系能力对关系持续性具有正向作用。

3.2.1.4 合作信誉与项目绩效

合作信誉主要指合作伙伴在合作过程中的行为表现。金潇明指出合作信誉在集群企业中通过集群惩罚和约束力的作用抑制机会主义行为的出现。学者初向华运用期望效用、博弈论和动态规划法探讨项目团队成员的激励，指出项目经理可以建立团队成员的合作和能力声誉的激励机制，使得非合作型的团队成员积极合作的精神得以提高，合作行为不但会出现，而且会得以增强。王迅运用完全理性假设的传统博弈分析方法指出供应商的信誉和历史表现在形成稳定的供应链合作伙伴关系中发挥着关键性的作用。供应商良好的信誉在企业选择合作伙伴时作为非正式合约，可以节约企业市场行为的交易成本，而这种良好的信誉正是建立在供应商以往合作关系中的历史表现基础上。Fama 认为相对于"显性激励"机制而言，声誉是一种"隐性激励"机制。张四龙等经过分析发现良好的声誉有助于企业巩固和促进企业与供应商之间交易关系的建立，降低企业营运成本。段晶晶通过对 210 家企业收集数据进行实证分析指出伙伴选择通过个体实力、合作伙伴的信誉及经验以及伙伴的资源投入力度这三个变量，对企业合作的有型和无形绩效存在不同程度的影响。基于以上分析，提出假设：

（1）H4，承包商合作信誉越好，项目绩效越好；

（2）H41，合作信誉对合作目标实现具有正向作用；

（3）H42，合作信誉对赢利能力提高具有正向作用；

（4）H43，合作信誉对合作满意度具有正向作用；

（5）H44，合作信誉对关系持续性具有正向作用。

根据以上理论分析与研究假设，本书构建项目合作伙伴模式下业主选择承包商的关键合作因素对项目绩效 4 个子维度影响的理论模型，为后续研究提供基础。项目合作伙伴模式下关键合作因素对项目绩效影响关系路径图如图 3-1 所示。

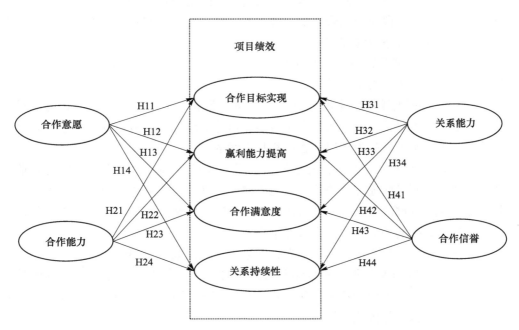

图 3-1　项目合作伙伴模式下关键合作因素对项目绩效影响关系路径图

3.2.2　变量测量

3.2.2.1　关键合作因素测量

由 3.1.2 节可知，通过扎根理论提炼出的四个主范畴就是项目合作伙伴模式下选择承包商的四个关键合作因素，目前尚无成熟权威的量表。本书对这四个关键合作因素变量的测量以每个主范畴对应的副范畴为基础，在质性研究的基础上，借鉴国内外文献对相关变量的测量和副范畴的测量题项的研究结果。同时为确保问卷变量内部结构的有效性和可信性，先在小范围发放问卷，用预测试问卷的数据做探索性因子分析，并基于分析结果对问卷变量进行调整和修正。然后，再大规模发放问卷做验证性因子分析。

A　预测试问卷设计

陆绍凯指出在国内虽然没有像国外标准化、系统化应用合作伙伴模式的记录，但是国内建筑企业之间却有过大量应用过合作伙伴模式进行项目交付的先例，国内的合作伙伴模式的应用集中表现为非正式形式。Conley 和 Gregory 认为正式和非正式合作伙伴模式的区别在于，前者在业主和承包商之间会引入独立的第三方协调者。本书根据对工程实践者的访谈发现业主与承包商应用合作伙伴模式进行项目交付的案例更是越来越多。因此可以通过问卷设计来调查国内建筑企业从业人员在现阶段对应用合作伙伴模式的感知。为提高调查问卷的效度，问卷的设计主要通过以下方法完善。

（1）问卷的测量题项设计在质性研究的基础上，尽量借鉴国内外文献对副范畴的成熟测量题项的研究结果。

（2）征求相关领域专家的意见。在导向性问卷形成后，就问卷内容与测量题项与专家深入讨论，减少问卷文字表达不清等漏洞。先后请教的专家包括东北大学、沈阳建筑大学的教授以及香港科技大学的学者。

（3）征求企业高层管理者的意见。利用一级建造师培训的机会多次与企业高层管理人员面对面地深度访谈与讨论以便充分理解，反复测试与修正量表，将题项修改成适合被试者理解并且与研究内容相对应的测量问项。项目合作伙伴模式下承包商选择的关键合作因素参考量表见表 3-5。

经过上述修正过程形成初始问卷，问卷内容包括以下三部分。

（1）收集被调查者所在的企业和被调查者的个人信息，用于验证数据的信度与效度。主要内容包括从事建筑业的年限、受教育的层次、工作单位的性质、参与过建筑项目合作模式的情况。

（2）介绍项目合作伙伴模式的定义以及一些注释，希望业主与承包商对于项目合作伙伴模式相关内涵有深入的理论理解，保证问卷的信度与效度。

（3）针对项目合作伙伴模式下承包商选择的四个关键合作因素，要求被调查者对其反映影响程度给出评估分值。问卷使用 5 分制李克特量表（Likert Scale）对被调查者在特定因素上的意见进行量化。其中，"1"代表非常不重要或强烈不同意；"2"代表不重要或不同意；"3"代表一般或中立；"4"代表同意或重要；"5"代表强烈同意或非常重要。

表 3-5　项目合作伙伴模式下承包商选择的关键合作因素参考量表

变量	题项	文献基础
合作意愿	V1：高层为项目提供资源 V2：高层参与项目合作	Chan A P C（2004） Beach R，（2005）
	V3：工程的设计资料、投资、进度、质量等信息被参与各方平等获取 V4：风险与利益公平共享	李云梅，（2015）
	V5：双方目标无冲突 V6：双方目标与项目共同目标一致	Chen W T（2007）
合作能力	V7：项目内部交流顺畅 V8：组织内关于知识、技术、信息等资源可以通过不同的交流渠道在本项目内自由流动	Cheng E W L（2000） 扎根理论
	V9：伙伴之间的沟通从未间断 V10：项目成员具备有效沟通	Sivadas（2000） Köksal E（2007）
	V11：冲突解决及时性 V12：伙伴形成处理合作伙伴冲突的机制 V13：冲突解决无攻击性	Simonin（1997） Chan A P C（2004）
合作信誉	V14：关键员工较少流动 V15：吸引优秀人才 V16：团队成员无薄弱环节	扎根理论 Dollinge（1997）
	V17：具有良好项目合作经历 V18：合作过的机构关系良好	段晶晶（2016） Irem D M（2008）
关系能力	V19：充分相信伙伴决定 V20：双方关系融洽程度 V21：认为团队成员可靠	Chan A P C（2004） Köksal E（2007）
	V22：理解合作目标与责任 V23：合作理念顺利实施 V24：合作伙伴理解并能够解释组织的使命	Chen W T（2007） 扎根理论

B　数据收集

本问卷数据应该通过有相关工程背景的人员调研获得才能具有可靠性，数据的收集是利用一级注册建造师培训的机会完成的，辽宁省的主要培训地点在沈阳和大连。虽然他们注册地区在辽宁，但是其从事的工程项目遍布全国各地，因此具有一定的代表性。调查对象主要是具有建设工程合作项目经验的大中型企业高层管理人员和项目部门负责人，这些学员具有相应的学历与教育背景，能够较好地理解本问卷的内容。本次共发放问卷 200 份，回收 116 份，总回收率为 58.0%，剔除无效的及没有建筑工程项目的合作伙伴模式经验的问卷 14 份，有效问卷 102 份，有效回收率达 51.0%。样本情况分布见表 3-6。

表 3-6 样本情况分布

内容	所占比例	内容	所占比例
单位职能	业主 51.9%	学历	专科及以下 14.7%
	主承包商 48.1%		本科 67.7%
			硕士及以上 17.6%
职位	总经理 13.7%	企业性质	国企 37.3%
	副总经理（总工程师）26.5%		民营企业 21.6%
	项目经理（工程师）49.0%		国有企业改制的股份公司 32.3%
	其他 10.8%		外资企业或其他 8.8%
工作年限	5~10 年 10.8%	合作经验	1 次项目合作经验 15.7%
	10~15 年 35.3%		2 次项目合作经验 22.6%
	15 年以上 53.9%		长期战略合作伙伴 61.7%

C 题项分析

题项分析的目的是确定量表的基本构成与问项，删除对测量变量毫无贡献的题项。方法是计算项目-总相关性系数（CITC）对潜在变量的测量题项进行净化分析，对于 CITC 值小于 0.35 且删除后可以增加 Cronbach's α 值的测量题项予以删除，在测量条款净化前后，都要重新计算信度系数。信度是反映调查问卷中不同的题项对同一潜变量的测量程度，常用 Cronbach's α 值衡量量表信度的高低，Cronbach's α 值越大说明问卷的信度越高。如果 Cronbach's α 值为 0.65~0.70，则说明测度量表信度可以接受，如果 Cronbach's α 值在 0.70 以上，则说明测度量表可信性很高，符合研究要求。

本书采用 CITC 法和信度系数法净化量表的测量题项，量表的 CITC 和信度分析见表 3-7。从表 3-7 可知，合作意愿量表的信度系数为 0.787，符合大于 0.7 的标准，每个题项的项目-总相关性系数（CITC）都大于 0.35，并且删除该项后的 Cronbach's α 值都小于 0.787，合作意愿量表通过了 CITC 及信度检验。合作能力量表的 CITC 检验中题项 V8 的项目-总相关性系数小于 0.35，且删除该项后 Cronbach's α 值由 0.823 提高到 0.857，合作能力量表删除题项 V9。合作信誉量表的信度系数为 0.806，符合大于 0.7 的标准，每个题项的项目-总相关性系数（CITC）都大于 0.35，并且删除该项后的 Cronbach's α 值都小于 0.806，合作意愿量表通过了 CITC 及信度检验。关系能力量表的 CITC 检验中题项 V24 的项目-总相关性系数小于 0.35，且删除该项后 Cronbach's α 值由 0.731 提高到 0.752，关系能力量表删除题项 V24。

其次，根据统计学观点，KMO 统计量在 0.50 以上及 Bartlett 球形检验的统计值显著性概率小于或等于显著性水平时，可以进行探索性因子分析。采用

SPSS17.0 软件中的主成分分析法提取特征值大于 1 的题项，并用最大方差法旋转因子。对于自成一个因子、在所有因子的载荷均小于 0.5、在两个或两个以上因子的载荷大于 0.5 的测量题项，予以删除。

样本数据经 KMO 统计量和 Bartlett 球形检验，其结果见表 3-8，KMO 统计量结果为 0.823，大于 0.5 的标准，变量间相关系数矩阵不是单位阵，适合进行因子分析；Bartlett 球形检验的卡方统计量为 697.507，自由度为 351，显著性水平 $P=0.000$，代表总体的相关矩阵间有共同因子存在，适合进行因子分析，且样本数据完全来自正态分布。

表 3-7　量表的 CITC 和信度分析

变量	测量题项	初始 CITC	最终 CITC	删除该题项的 α 值	Cronbach's α 值
合作意愿	V1	0.619	0.720	0.716	Cronbach's $\alpha=0.787$
	V2	0.664	0.666	0.704	
	V3	0.767	0.767	0.785	
	V4	0.633	0.637	0.732	
	V5	0.534	0.703	0.695	
	V6	0.661	0.686	0.684	
合作能力	V7	0.667	0.659	0.731	初始 Cronbach's $\alpha=0.823$ 最终 Cronbach's $\alpha=0.857$
	V8	0.289	删除	0.866	
	V9	0.674	0.601	0.703	
	V10	0.671	0.777	0.718	
	V11	0.569	0.681	0.750	
	V12	0.567	0.571	0.751	
	V13	0.673	0.666	0.843	
合作信誉	V14	0.481	0.477	0.745	Cronbach's $\alpha=0.806$
	V15	0.680	0.707	0.738	
	V16	0.489	0.497	0.733	
	V17	0.522	0.601	0.801	
	V18	0.578	0.656	0.804	
关系能力	V19	0.679	0.638	0.699	初始 Cronbach's $\alpha=0.731$ 最终 Cronbach's $\alpha=0.752$
	V20	0.581	0.599	0.728	
	V21	0.615	0.704	0.733	
	V22	0.607	0.678	0.705	
	V23	0.575	0.552	0.718	
	V24	0.203	删除	0.783	

表 3-8   KMO 统计量和 Bartlett 球形检验结果

样本充足度-KMO 统计量		0.823
Bartlett 球形检验	卡方统计量	697.507
	自由度	351
	显著性水平	0.000

D　探索性因子分析

探索性因子分析可依照样本数据，利用统计软件进行因素分析，最后得出公因子，是获取外生变量（潜变量）非常重要的一种方法。对数据进行降维处理，提取的公共因子特征值应大于 1，累计变异解释率在 60% 以上符合统计学要求。采用 SPSS17.0 软件中的主成分分析法提取特征值大于 1 的题项，共得到 6 个因子，累计方差贡献率为 76.723%，第一次方差综合解释见表 3-9。用最大变异法进行共同因素正交旋转后的因子提取结果见表 3-10。

表 3-9   第一次方差综合解释

成分	初始特征值			因子贡献（旋转后）		
	合计	贡献率/%	累积贡献率/%	合计	贡献率/%	累积贡献率/%
1	14.398	41.221	41.221	4.267	17.167	17.167
2	5.334	13.431	54.652	3.406	15.543	32.710
3	3.578	10.103	64.755	2.851	14.694	47.404
4	2.115	6.265	71.020	2.629	11.550	58.954
5	1.783	3.096	74.116	2.534	9.162	68.116
6	1.026	2.607	76.723	1.664	8.607	76.723

表 3-10   最大变异法进行共同因素正交旋转后的因子提取结果

题项	因子 1	因子 2	因子 3	因子 4	因子 5	因子 6
V1	0.829					
V4	0.778					
V2	0.765					
V5	0.730					
V6	0.543					
V3	0.402					
V10		0.848				
V9		0.807				
V7		0.729				

题项	因子 1	因子 2	因子 3	因子 4	因子 5	因子 6
V12		0.683			0.602	
V18			0.802			
V17			0.741			
V14			0.731			
V15			0.610			
V16			0.399			
V22				0.737		
V23				0.658		
V19					0.652	
V20					0.601	
V21					0.570	
V11						0.788
V13						0.669

从表 3-10 可以看出，题项 V3 与 V16 在所有因子上的负载均小于 0.5，与其他题项都不收敛，因此不属于任何一个维度因子。题项 V12 具有双重负载，也应以删除。因此此次因子分析删除题项 V3、V16 和 V12。由于这 3 个题项删除后，整个因素结构会改变，所以，我们对其再进行第二次因子分析。

在删除题项 V3、V12 和 V16 后再次进行分析，与第一次因子分析相同。题项 V6 因子负荷值小于 0.5，题项 V20 具有双重负载，也应以删除。因此删除题项 V6 和 V20，进行第三次因子分析，第三次方差综合解释见表 3-11，旋转后的因子提取结果见表 3-12。

表 3-11　第三次方差综合解释

成分	初始特征值			因子贡献（旋转后）		
	合计	贡献率/%	累积贡献率/%	合计	贡献率/%	累积贡献率/%
1	9.243	43.724	43.724	4.993	25.308	25.308
2	5.494	16.793	60.517	3.496	21.279	46.587
3	1.441	9.491	70.008	2.351	16.714	63.301
4	1.005	7.242	77.250	1.961	13.949	77.250

表 3-12　旋转后的因子提取结果

题项	因子 1	因子 2	因子 3	因子 4
V1	0.901			
V4	0.887			
V2	0.853			
V5	0.802			
V10		0.886		
V13		0.783		
V11		0.734		
V9		0.659		
V7		0.651		
V19			0.803	
V23			0.743	
V21			0.701	
V22			0.674	
V17				0.783
V18				0.817
V14				0.778
V15				0.678

由表 3-12 可知，通过三次主成分分析后，每个因素负荷量均大于 0.5，无须再删除，所有题项均达到标准。分析结果共包含 4 个共同因子、17 个问卷题项，其中因子 1 包含 4 个题项 V1、V4、V2、V5；因子 2 包括 5 个题项 V10、V13、V11、V9、V7；因子 3 包括 4 个题项 V19、V23、V21、V22；因子 4 包括 4 个题项 V17、V18、V14、V15。量表修正后的内部一致性分析结果见表 3-13。

表 3-13　内部一致性分析

变量	题项	Cronbach's α 值
因子 1	4	0.869
因子 2	5	0.819
因子 3	4	0.832
因子 4	4	0.797

针对预调研得到的相关数据，通过多种统计分析方法将项目合作伙伴模式下选择承包商的四个关键合作因素合作意愿、合作能力、关系能力和合作信誉的测量题行了净化。从最终分析结果看，特征值大于 1 的共 4 个，且累计解释变异量为 77.25%，说明结构效度符合要求，印证了扎根理论得出的项目合作伙伴模式下选择承包商的四个关键合作因素结构维度，最终的问卷见附录 A。在此基础上，本书进行大样本数据收集并进行验证性因子分析。

3.2.2.2 合作伙伴模式下项目绩效的测量

上述经过文献分析，合作伙伴模式下项目绩效可从合作目标实现、赢利能力提高、合作满意度和关系持续性四个维度进行评价，其具体测量题项可参考对应成熟量表，共设 11 个题项，见表 3-14。

表 3-14 合作伙伴模式下项目绩效测量题项

变量	题项	文献基础
合作目标实现	A1：合作完成了合同目标	Mcgee（1995） Anderson（2008） Zollo & Reuer（2002） Lau E（2009） 武志伟（2014） Toor S R & Ogunlana S（2010）
合作目标实现	A2：参与方之间很少发生索赔或诉讼	
合作目标实现	A3：合作大大降低了各自的市场交易成本	
赢利能力提高	B1：资源利用高效	
赢利能力提高	B2：业主与合作伙伴的合作效率很高	
赢利能力提高	B3：合作强化了合作伙伴的竞争优势	
合作满意度	C1：双方对合作成果感到满意	
合作满意度	C2：我们与合作伙伴的合作关系非常愉快	
合作满意度	C3：为了建立长期合作关系双方都愿意对眼前利益做出让步	
关系持续性	D1：我们愿意与合作伙伴继续该合作关系	
关系持续性	D2：如果重新选择，我们仍然会选择现在的合作伙伴	

3.2.2.3 验证性因子分析

为确保测量模型拟合度评价和假设检验的有效性，应先检验变量测量的信度和效度。首先，采用 SPSS17.0 软件做内部一致性的信度分析；然后，使用 AMOS5.0 软件对变量进行验证性因子分析，评估量表收敛效度和判别效度。

A 数据收集

本次调查问卷选择沈阳、大连两地作为问卷发放地，发放具有相关工程背景的人员。共发放问卷 300 份，回收 242 份，回收率为 80.7%，剔除无效的及没有建筑工程项目合作经验的问卷，有效问卷 214 份，有效率为 71.3%，并且对于问卷的核心内容进行了具体解释。样本情况分布见表 3-15。

表 3-15　样本情况分布

内容	所占比例	内容	所占比例
单位职能	业主 47.2%	学历	专科及以下 16.8%
	主承包商 52.8%		本科 61.5%
			硕士及以上 21.7%
职位	总经理 13.1%	企业性质	国企 25.2%
	副总经理（总工程师）24.8%		民营企业 28.5%
	项目经理（工程师）50.2%		国企改制的股份公司 34.6%
	其他 11.9%		外资企业或其他 11.7%
工作年限	5~10 年 12.6%	合作经验	1 次项目合作经验 10.7%
	10~15 年 44.4%		2 次项目合作经验 22.4%
	15 年以上 43.0%		长期战略合作伙伴 66.9%

B　信度分析

项目合作伙伴模式下合作意愿、合作能力、关系能力、合作信誉四个因子变量的信度分析结果见表 3-16。结果显示因子的 Cronbach's α 值为 0.741~0.815，均大于 0.7，这说明各个公因子的测度指标体系具有较好的内部一致性和稳定性，因此采用设计的量表可以对潜变量进行可靠的测量。

表 3-16　变量的信度分析结果

变量	题项	Cronbach's α 值
合作意愿	4	0.741
合作能力	5	0.815
关系能力	4	0.766
合作信誉	4	0.784

合作伙伴模式下项目绩效由 4 个潜变量构成，即合作目标实现、赢利能力提高、合作满意度和关系持续性，其测量题项分别有 3 个、3 个、3 个和 2 个。先分别检验一阶潜变量的信度，然后检验二阶潜变量的信度，见表 3-17。结果显示所有一阶潜变量的 Cronbach's α 值均高于 0.7，二阶潜变量合作项目绩效的 Cronbach's α 值为 0.773，也超过了 0.7，通过信度检验。说明所有变量均满足信度要求。

表 3-17　合作项目绩效变量的信度分析结果

变量	题项	Cronbach's α 值
合作目标实现	3	0.767
赢利能力提高	3	0.737

变量	题项	Cronbach's α 值
合作满意度	3	0.729
关系持续性	2	0.746
项目绩效	11	0.773

C　效度分析

效度是指测量的正确性，即测量项能够代表潜在所要衡量测量项的程度。通过内容效度和结构效度判别测量指标效度的优劣。

内容效度指测量项符合测量目的和要求的程度。若各观测变量能基于理论进行设计，参考前人的类似问卷内容加以修订，与专家学者讨论审核，并经过预测试，则可称具有内容效度。本书各变量的题项内容均以国内外学者的研究为基础，并经过相关专家的检查修改而成，因此具有良好的内容效度，在下面的分析中不再分别讨论。

结构效度一般可由收敛效度和判别效度来检验。

收敛效度用来分析不同显变量（各测量题项）是否可以用来测量同一潜变量。本书采用计算各显变量在潜变量上的因子载荷和潜在变量的平均析出方差（AVE）指标两种方法来检验测量模型的收敛效度。若各标准因子载荷值大于0.5，或平均析出方差的值大于或等于0.5，说明测量模型收敛效度较好。

项目合作伙伴模式下的合作意愿、合作能力、关系能力和合作信誉四个因子的效度检验结果见表 3-18。结果显示各潜变量的测量题项的标准化载荷均为0.587~0.804，超过 0.5 最低要求，并且在 $P<0.01$ 的水平上显著，满足收敛效度的要求；从 AVE 值上看，所有潜变量的 AVE 值为 0.596~0.702，超过了 0.5 的标准，测量模型的收敛效度较好。项目绩效的验证性因子分析结果见表 3-19、表 3-20 和图 3-2 所示。图 3-2 研究结果显示一阶测量模型各潜变量测量指标的标准载荷值在 0.611~0.757，都超过 0.5 最低要求，并且在 $P<0.01$ 的水平上显著，从表 3-20 中的 AVE 值上看，项目绩效的一阶潜变量和二阶潜变量的值都超过了0.5 的标准，可见项目绩效测量模型的收敛效度较好。

判别效度是指模型中不同的潜变量是否存在差异，或不同潜变量的测量题项的不相关程度。本书采用计算测量指标相关性矩阵以及各个潜变量的平均析出方差与该潜变量与其他潜变量的共同方差对比的方法来检验判别效度。表 3-19 结果表明，测量模型中各潜变量 AVE 值均大于其他各个潜变量的共同方差，如合作意愿的 AVE 值为 0.702，纵向比较与其他潜变量的共同方差，AVE 值是最大的；合作信誉的 AVE 值为 0.618，横向与纵向比较与其他潜变量的共同方差，AVE 值也是最大的。表明维度间的相关性小于维度内指标相关性，同时也都大于 0.5，因此可以判断各个变量之间都具有较好的判别效度。

表 3-18　效度检验结果

潜变量	测量题项	标准化载荷	*T* 值	*AVE*
合作意愿	V1	0.686	—	0.702
	V2	0.637	14.724***	
	V4	0.718	10.766***	
	V5	0.731	11.331***	
合作能力	V7	0.733	—	0.631
	V9	0.804	12.553***	
	V10	0.735	9.799***	
	V11	0.802	10.622***	
	V13	0.732	9.998***	
关系能力	V19	0.789	—	0.596
	V21	0.725	9.045***	
	V22	0.746	9.856***	
	V23	0.651	9.674***	
合作信誉	V14	0.689	—	0.618
	V15	0.587	9.801***	
	V17	0.634	9.778***	
	V18	0.671	10.568***	

注："＊＊"表示 $P<0.05$；"＊＊＊"表示 $P<0.01$，以下同。

表 3-19　被测变量的 *AVE*、相关系数和共同方差结果

潜变量	合作意愿	合作能力	关系能力	合作信誉	合作目标实现	赢利能力提高	合作满意度	关系持续性
合作意愿	0.702	0.124***	0.227***	0.383***	0.335***	0.327***	0.464***	0.427***
合作能力	0.037	0.631	0.400***	0.121***	0.420***	0.413***	0.335***	0.431***
关系能力	0.082	0.061	0.596	0.323***	0.499***	0.487***	0.574***	0.575***
合作信誉	0.171	0.105	0.208	0.618	0.464***	0.436***	0.522***	0.543***
合作目标实现	0.112	0.176	0.232	0.215	0.630	0.498***	0.506***	0.534***
赢利能力提高	0.352	0.389	0.217	0.272	0.215	0.653	0.512***	0.497***
合作满意度	0.101	0.182	0.264	0.217	0.190	0.294	0.661	0.571***
关系持续性	0.266	0.208	0.126	0.303	0.188	0.376	0.263	0.675

注：表中对角线上的数值为平均析出方差（*AVE*）；对角线右上方的数值为各潜变量的相关系数；对角线左下方的数值为各潜变量与其他潜变量的共同方差。

表 3-20　验证性因子分析结果

变量	题项	*AVE*
合作目标实现	3	0.630
赢利能力提高	3	0.653
合作满意度	3	0.661
关系持续性	2	0.675
项目绩效	11	0.688

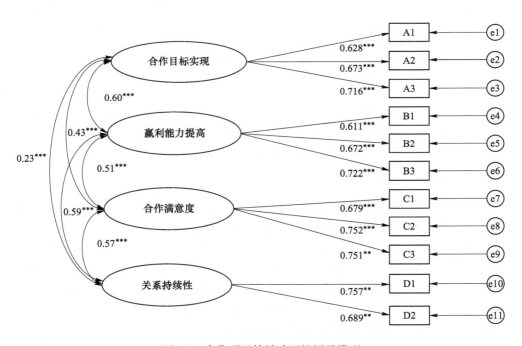

图 3-2　合作项目绩效验证性因子模型

3.2.3　关键合作因素对项目绩效影响的假设检验

3.2.3.1　初始模型分析

根据 3.2.1 节理论假设模型，将表 3-19 中的潜变量及测量题项代入图 3-1 中的结构方程。运行 AMOS5.0 软件，基于极大似然估计的方法来计算模型拟合度和各路径系数的估计值，SEM 的实证参数见表 3-21。

表 3-21　SEM 的实证参数

项目	非标准化估计值	S. E.（标准误）	C. R.（组成信度）	P	标准化路径系数
合作意愿→合作目标实现	0.291	0.105	2.491	0.016	0.249
合作意愿→赢利能力提高	0.177	0.073	0.435	0.453	0.252
合作意愿→合作满意度	0.028	0.127	0.217	0.829	0.028
合作意愿→关系持续性	0.210	0.139	5.112	＊＊＊	0.261
合作能力→合作目标实现	0.371	0.094	11.342	＊＊＊	0.382
合作能力→赢利能力提高	0.111	0.043	2.568	0.011	0.168
合作能力→合作满意度	0.217	0.041	1.003	0.252	0.216
合作能力→关系持续性	0.161	0.078	0.579	0.734	0.157
关系能力→合作目标实现	0.447	0.099	5.503	＊＊＊	0.483
关系能力→赢利能力提高	0.460	0.068	0.804	0.499	0.500
关系能力→合作满意度	0.343	0.114	3.012	＊＊＊	0.379
关系能力→关系持续性	0.351	0.059	7.513	0.015	0.383
合作信誉→合作目标实现	0.347	0.046	7.561	0.023	0.337
合作信誉→赢利能力提高	0.300	0.187	1.568	0.140	0.244
合作信誉→合作满意度	0.377	0.174	1.317	0.213	0.378
合作信誉→关系持续性	0.234	0.202	4.134	＊＊＊	0.226

$x^2 = 356.253$，$df = 123$，$x^2/df = 2.896 > 2$　$P = 0.011 < 0.05$，$GFI = 0.425$，$AGFI = 0.511$，$NFI = 0.572$，$CFI = 0.591$，$RMSEA = 0.081$

表 3-21 结果表明，理论模型的 x^2 所对应的 P 值小于要求的 0.05，拟合度不好，一般卡方值越小表示整体模型与实际数据适配越好，一个不显著（$P > 0.05$）的卡方值表示模型具有解释力，而一个显著卡方值（$P < 0.05$）表示模型与实际数据不适配。但是在结构方程模型中卡方值与样本数量有关，样本数越大，则卡方值越容易显著，模型被拒绝的概率越大。卡方值检验最适用的样本数是 100～200，如果是问卷调查法，通常样本数均在 200 以上，本书的样本数 $N = 254$，因此该参数不能很好地解释模型，整体模型是否适配还要参考其他的适配度指标。本次运算拟合指数 $GFI = 0.425$，$AGFI = 0.511$，$NFI = 0.572$，$CFI = 0.591$，$RMSEA = 0.081$，根据模型拟合指数标准，各项指数均不满足要求，表明初始模型拟合不好，模型需要修正。

3.2.3.2　模型修正

模型修正不是任意进行的，必须基于严谨的研究假设和理论基础，保证修正后的模型中各变量之间的关系在理论上可以解释。调整思路有两条：一是将不显著的路径关系和变量删除，提高模型的识别性；二是通过修正指数 MI 结果，增加新的变量间关系，使模型结构更加合理。初始模型中的各种关系假设是基于文献相关研究结果，所以即便有些变量间的影响路径没有达到要求的 0.05 的显著性水平，也应予以保留。所以本书尝试通过修正指数对模型进行修正，修正指数代表着将某个固定参数释放以后自由度的增加。在修改模型时，原则上选取 $MI>4$ 的路径并且先从最大值开始调整，每次只能修改一个参数，不要把数个固定参数同时改为自由参数，以避免同时释放多个参数下降的卡方值与次序释放参数降低的卡方值的和有一定的数差。修正完成后需要对模型参数进行重新估计，并且根据重新估计的参数结果再进行下一轮修正，由此循环往复，直至所有的修正指数值都小于 3.84。对此，本书根据输出的 MI 值依次对 MI 值较大的误差项 e5 和 e6、e1 和 e2、e10 和 e11 建立共变关系，从理论上分析，e5 和 e6、e1 和 e2、e10 和 e11 观察变量的误差变量有某种程度的共变关系是合理的。最终修正模型实证参数见表 3-22，最终模型标准化路径系数关系图如图 3-3 所示。由表 3-22 可知，模型修正后 GFI、AGFI、NFI 和 CFI 指标均有所提高，除 GFI 指标未达到要求外，其余指标均大于经验值 0.9；$RMSEA = 0.021$，小于经验值 0.5，说明模型与观察数据拟合较好，本书将此模型作为最终模型。

表 3-22 最终修正模型实证参数

项目	非标准化估计值	S. E.（标准误）	C. R.（组成信度）	P	标准化路径系数
合作意愿→合作目标实现	0.295	0.097	4.110	* * *	0.313
合作意愿→赢利能力提高	0.081	0.056	1.464	0.143	0.094
合作意愿→合作满意度	0.043	0.061	0.703	0.482	0.048
合作意愿→关系持续性	0.373	0.076	6.591	* * *	0.422
合作能力→合作目标实现	0.871	0.059	12.947	* * *	0.818
合作能力→赢利能力提高	0.471	0.093	3.479	* * *	0.504
合作能力→合作满意度	0.439	0.114	3.012	* *	0.454
合作能力→关系持续性	0.043	0.058	0.740	0.459	0.040
关系能力→合作目标实现	0.499	0.128	3.338	* * *	0.559
关系能力→赢利能力提高	0.060	0.061	0.991	0.322	0.058
关系能力→合作满意度	0.215	0.077	6.179	* * *	0.242
关系能力→关系持续性	0.359	0.081	4.687	* * *	0.331
合作信誉→合作目标实现	0.241	0.103	5.635	* * *	0.193
合作信誉→赢利能力提高	0.301	0.187	0.968	0.240	0.247
合作信誉→合作满意度	0.352	0.174	1.302	0.201	0.358
合作信誉→关系持续性	0.257	0.065	8.013	* * *	0.209

$x^2 = 128.081$, $df = 108$, $x^2/df = 1.186 < 2$, $GFI = 0.878$, $AGFI = 0.937$, $NFI = 0.916$, $CFI = 0.929$, $RMSEA = 0.021$

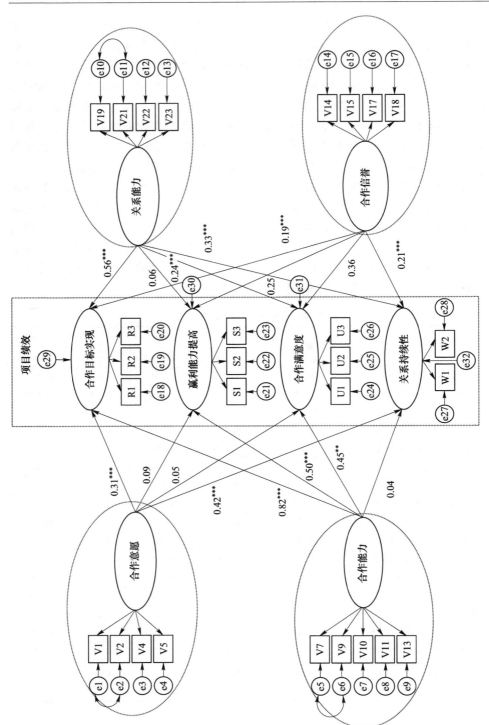

图 3-3 最终模型标准化路径系数关系图

3.2.3.3 假设检验结果分析

本节采用验证性因子分析及结构方程建模分析方法对项目合作伙伴模式下选择承包商的四个关键合作因素与合作伙伴模式下的项目绩效影响关系的理论模型假设进行了实证研究，理论假设验证结果汇总见表 3-23。

表 3-23 理论假设检验结果汇总

序号	假设内容	验证结果
H1	合作意愿对项目绩效具有正向作用	支持
H11	合作意愿对合作目标实现具有正向作用	支持
H12	合作意愿对赢利能力提高具有正向作用	不支持
H13	合作意愿对合作满意度具有正向作用	不支持
H14	合作意愿对关系持续性具有正向作用	支持
H2	合作能力对项目绩效具有正向作用	支持
H21	合作能力对合作目标实现具有正向作用	支持
H22	合作能力对赢利能力提高具有正向作用	支持
H23	合作能力对合作满意度具有正向作用	支持
H24	合作能力对关系持续性具有正向作用	不支持
H3	关系能力对项目绩效具有正向作用	支持
H31	关系能力对合作目标实现具有正向作用	支持
H32	关系能力对赢利能力提高具有正向作用	不支持
H33	关系能力对合作满意度具有正向作用	支持
H34	关系能力对关系持续性具有正向作用	支持
H4	合作信誉对项目绩效具有正向作用	支持
H41	合作信誉对合作目标实现具有正向作用	支持
H42	合作信誉对赢利能力提高具有正向作用	不支持
H43	合作信誉对合作满意度具有正向作用	不支持
H44	合作信誉对关系持续性具有正向作用	支持

根据表 3-23 可知，假设 H12、H13、H24、H32、H42、H43 被拒绝，其余所有原假设接受。以下结合理论和实践对模型进行具体解释和讨论。

A　H1：合作意愿对项目绩效具有正向作用

假设 H1 认为合作意愿对项目绩效具有正向作用，合作意愿越强，项目绩效越好；合作意愿差，项目绩效差。项目绩效具有四个维度，合作意愿对项目绩效相关关系研究假设可以扩展为四个子假设，解释如下。

（1）假设 H11 认为合作意愿对合作目标实现具有正向作用。对应的标准化路径系数为 0.313（$P<0.01$），假设 H11 获得支持。表明高层领导支持、双方的目标契合以及双方地位平等则双方的合作意愿度高，意味着企业表现得更为积极主动。根据心理学观点，参与主体的主观愿望越高，就会将其积极心理外化为行动，因此有利于提高个人工作效率、提高工作速度、降低工作的出错率、降低合作成本，顺利实现合作项目目标。

（2）假设 H12 认为合作意愿对赢利能力提高具有正向作用。此假设没有通过显著性检验，结论不支持。

（3）假设 H13 认为合作意愿对合作满意度具有正向作用。此假设没有通过显著性检验，结论不支持。

（4）假设 H14 认为合作意愿对关系持续性具有正向作用。对应的标准化路径系数为 0.422（$P<0.01$），假设 H14 获得支持。合作意愿是组织间建立合作关系的前提，如果没有合作意愿或者合作意愿不强，那么各方并没有动力去促成合作，即使建立了合作关系也不会取得令人满意的成效。员工在互相合作完成工作的过程中可以与他人之间形成良好的合作关系，关系的产生是一个从无到有，不断趋于稳定的渐进上升过程，当一个层次的合作关系意愿达到稳定后，通过各种影响机制促使合作关系向更高的层次迈进。

B　H2：合作能力对项目绩效具有正向作用

假设 H2 认为合作能力对项目绩效具有正向作用，合作能力越强，项目绩效越好；合作能力差，则项目绩效差。针对合作能力对项目绩效相关关系研究的四个子假设，解释如下。

（1）假设 H21 认为合作能力对合作目标实现具有正向作用。对应的标准化路径系数为 0.818（$P<0.01$），假设 H21 获得支持。项目的合作伙伴模式下业主与承包商初次合作，业主的投资期望、项目设想可能不被承包商所理解，而承包商的施工的方案可能业主也不掌握。在项目施工过程中这种信息不对称会引起工程变更和相互冲突，承包商合作能力强则双方能迅速沟通与协调可以尽快化解这些冲突，避免积重难返，使项目内由于信息障碍所造成大量的本来可以节约的工作和可以控制的成本得到节约和控制，减少潜在利益大量流失，有利于合作目标的实现。

（2）假设 H22 认为合作能力对赢利能力提高具有正向作用。对应的标准化路径系数为 0.504（$P<0.01$），假设 H22 获得支持。传统模式下各方的沟通与信息的交换是在合同的驱使下进行的，项目的合作伙伴模式可以为勘察、设计、施工等企业搭建一个沟通、协作的平台，承包商合作能力强则促使承包商在项目勘察、设计阶段搭建的交流平台促进资源以观点、知识、技能、技术的形式通过各种渠道在项目内自由流动，员工之间可以进行交流沟通学习新的知识技能与技术，可以激发员工思考，进而促进企业与员工的赢利能力的提升。

（3）假设 H23 认为合作能力对合作满意度具有正向作用。对应的标准化路径系数为 0.454（$P<0.01$），假设 H23 获得支持。合作能力强可以一方面由于双方开诚布公交流信息能够舒缓业主对于承包商机会主义行为的担忧；另一方面项目的合作伙伴模式下双方较早的沟通协调可将在很大程度上化解信息不对称冲突，或者在争议和冲突刚发生时就通过推动人及研讨会等沟通方式快速解决，而不用通过外部仲裁，法律诉讼等方式，并且合作能力强可以往往在项目的低决策层以最低的成本解决双方冲突，合作双方感到非常满意。

（4）假设 H24 认为合作能力对关系持续性具有正向作用。此假设没有通过显著性检验，结论不支持。

C H3：关系能力对项目绩效具有正向作用

假设 H3 认为关系能力对项目绩效具有正向作用，关系能力越强，项目绩效越好；关系能力差，则项目绩效差。针对关系能力对项目绩效相关关系研究的四个子假设，解释如下。

（1）假设 H31 认为关系能力对合作目标实现具有正向作用。对应的标准化路径系数为 0.559（$P<0.01$），假设 H31 获得支持。承包商关系能力强可以促进业主与承包商迅速建立信任与维持合作关系，从而将大大降低工程建设过程中的矛盾和冲突、争议和拖延，降低相互索赔的机会。关系能力强意味着与合作伙伴沟通、接触等交互作用频繁，会促进核心企业知识获取和知识转移，取得技术上的改进、工程造价的降低、提高质量，降低交易成本等效果。

（2）假设 H32 认为关系能力对赢利能力提高具有正向作用。此假设没有通过显著性检验，结论不支持。

（3）假设 H33 认为关系能力对合作满意度具有正向作用。对应的标准化路径系数为 0.242（$P<0.01$），假设 H33 获得支持。关系能力越强，合作双方之间关系越紧密，企业之间的相互信任消除了企业的机会主义行为，企业能够适应难以预料的环境，企业对合作过程中所遇到的摩擦和冲突等负面因素处理便会更加趋向于包容与理解，由冲突和摩擦给双边合作关系所带来的风险和损失会相应降低，合作双方对合作过程的满意程度也就相应提高。

（4）假设 H34 认为关系能力对关系持续性具有正向作用。对应的标准化路径系数为 0.331($P<0.01$)，假设 H34 获得支持。企业关系能力越强意味着与合作伙伴沟通、接触等交互作用越频繁，越有利于彼此间隐性、复杂知识的转移和共享，并且促进了合作企业边界人员的交互作用，合作双方之间的相互反馈、相互尊重、相互支持，彼此为对方考虑，双方会会更积极投入关系资本，强化参与成员之间的关系力度，建立起更高层次的信任。业主与承包商在这种相互信任、彼此尊重的合作环境中，双方更愿意保持长期合作关系。

D　H4：合作信誉对项目绩效具有正向作用

假设 H4 认为合作信誉对项目绩效具有正向作用，合作信誉越强，项目绩效越好；合作信誉差，则项目绩效差。针对合作信誉对项目绩效相关关系研究的四个子假设，解释如下。

（1）假设 H41 认为合作信誉对合作目标实现具有正向作用。对应的标准化路径系数为 0.193($P<0.01$)，假设 H41 获得支持。信誉可以作为与合作伙伴直接合作经验的替代品，承包商具有良好合作信誉，一方面有利于业主减少企业的搜寻成本，提高交易效率；另一方面有利于双方快速建立初始信任，缩短业主与承包商之间的磨合期，从而大大降低交易成本和监控成本，使项目合作更快地进入收获期，促进合作目标的实现。

（2）假设 H42 认为合作信誉对赢利能力提高具有正向作用。此假设没有通过显著性检验，结论不支持。

（3）假设 H43 认为合作信誉对合作满意度具有正向作用。此假设没有通过显著性检验，结论不支持。

（4）假设 H44 认为合作信誉对关系持续性具有正向作用。对应的标准化路径系数为 0.209($P<0.01$)，假设 H44 获得支持。信誉会约束目标企业的机会主义行为，良好的信誉能减少企业对其出现"道德风险"和"逆向选择"的害怕。承包商拥有良好的合作信誉则业主相信承包商不会有欺骗行为，促进业主初始信任的产生，伙伴之间常常从企业的合作历史和以前及目前的情况来判断今后的行为，良好的预期促使业主更倾向于加大专用性资产投资，进行长期的、多样性的合作，这样承包商能够被业主给予更多的信任，更易获得与业主继续合作的机会，增强合作关系的持续性。

3.3　项目合作伙伴模式下业主选择建筑承包商的关键合作因素确定

通过上述分析可以得出以下结果。

（1）合作意愿对项目绩效影响的路径分析中，"合作意愿→赢利能力提高"

和"合作意愿→合作满意度"两条影响路径没有通过检验，通过路径检验的"合作意愿→合作目标实现"和"合作意愿→关系持续性"对应的标准化路径系数分别为 0.313 和 0.422。相对于其他路径数值来说较小。

（2）合作能力对项目绩效影响的路径分析中，"合作能力→关系持续性"1条路径没有通过检验，通过路径检验的"合作能力→合作目标实现""合作能力→赢利能力提高"和"合作能力→合作满意度"对应的标准化路径系数分别为 0.818、0.504 和 0.454。相对于其他路径数值来说最大。

（3）关系能力对项目绩效影响的路径分析中，"关系能力→赢利能力提高"1条路径没有通过检验，通过路径检验的"关系能力→合作目标实现""关系能力→合作满意度"和"关系能力→关系持续性"对应的标准化路径系数分别为0.559、0.242 和 0.331。相对于其他路径数值来说较大。

（4）合作信誉对项目绩效影响的路径分析中，"合作信誉→赢利能力提高"和"合作信誉→合作满意度"2条路径没有通过检验，通过路径检验的"合作信誉→合作目标实现"和"合作信誉→关系持续性"对应的标准化路径系数分别为 0.193 和 0.209。相对于其他路径数值来说最小。此结论与别的学者的观点不一样，分析原因可能是项目合作伙伴模式下承包商追求自身利益最大化的"经济人"本性及其所拥有的相机抉择空间，其给予业主初始信任的回馈既有可能是"投桃报李"，也有可能是"安分守己"，还有可能是"背信弃义"。学者姜保平所做的问卷调查中指出一次性交易情况下，承包商"不重视信誉"及"采取欺诈"做法的比例达到 11.6%，而在长期性交易情况下，"不重视信誉"及"采取欺诈"做法的比例仅仅占 5.3%，明显减少了不重视信誉和欺诈行为，说明长期性的交易能够有效促进各方更加重视信誉。学者尹贻林也指出，短期合作情境下公共项目业主加强对承包商机会主义行为的监管能够减少损失，但无法消除承包商机会主义行为发生的可能，只有嵌入长期合作收益才有可能从根本上杜绝承包商机会主义行为的发生。因此项目合作伙伴模式下业主与承包商若要实现良好的合作，不能局限于承包商的合作信誉，还须要结合其他管理手段和合作工具，改善项目绩效。

根据上述分析结果可知，通过扎根理论归纳出来的项目合作伙伴模式下四个关键合作因素对项目绩效都有不同程度的影响，因此该模式下选择承包商包括合作意愿、合作能力、关系能力和合作信誉四个关键合作因素，见表3-24。其中合作能力因子对项目绩效的直接影响是最大的，其次是关系能力因子，然后是合作意愿因子，最后是合作信誉因子。

表 3-24　项目合作伙伴模式下业主选择建筑承包商的关键合作因素

关键合作因素 （一级指标）	测量题项 （二级指标）	关键合作因素 （一级指标）	测量题项 （二级指标）
合作意愿	高层为项目提供资源	合作能力	伙伴之间的沟通从未间断
	高层参与项目合作		项目成员具备有效沟通
	风险与利益公平共享		冲突解决及时性
	双方目标无冲突		冲突解决无攻击性
			伙伴能应对市场突变
关系能力	充分信任伙伴决定	合作信誉	关键员工较少流动
	认为团队成员可靠		吸引优秀人才
	理解合作目标与责任		项目合作经历丰富
	合作理念顺利实施		合作过的机构关系良好

4 项目合作伙伴模式下承包商选择体系

合作伙伴模式下选择承包商应该考虑影响建筑承包商竞争能力的竞争因素，融入关键合作因素，才能科学地形成合作伙伴模式下选择承包商的评价因素体系。本章的目的是构建项目合作伙伴模式下业主选择承包商的评价因素体系，建立承包商选择模型并进行评价。首先，通过文献检索分析识别影响建筑承包商竞争能力的竞争因素，运用模糊数学方法进行筛选形成项目合作伙伴模式下选择承包商的关键竞争因素，结合第 3 章的研究结论构建该模式下选择承包商的评价因素体系；其次，提出选择承包商的模型并给出评价方法；最后，结合某实际建设项目进行应用。

4.1 项目合作伙伴模式下业主选择建筑承包商的评价因素体系构建

4.1.1 业主选择建筑承包商的关键竞争因素分析

相对于项目合作伙伴模式下选择承包商的关键合作因素的界定，本书认为关键竞争因素是指影响建筑承包商竞争能力的关键因素。建筑承包商竞争力是指建筑企业在市场竞争中占有和使用各类资源的相对优势能力，包括诸如劳动力、资金和自然资源传统要素的能力；掌握信息和技术知识能力；驾驭外部环境的能力。通过对建筑业专业人士的访谈和相关文献综述的分析可知，传统项目管理模式下承包商选择指标多体现了建筑承包商的竞争能力，因此本节以传统项目管理模式下选择承包商的指标为基础，通过模糊数学方法筛选出项目合作伙伴模式下业主选择承包商的关键竞争因素。

4.1.1.1 关键竞争因素识别

传统项目管理模式下业主选择承包商的问题，国内外学者进行了大量的研究，建立了很多各有侧重又有很多共性的选择标准，美国学者 Russel 通过对 78 位公共业主、72 位私人业主以及 42 位承包商的调查，基于 Spearman Rank correlation 方法得出结论：承包商的财务能力、经验以及过去绩效是三个最重要的选择承包商标准。Hatush 和 Skimore 通过文献梳理指出对于选择承包商标准都有所不同，但是大致可以分为财务能力、技术能力、管理能力、安全与信誉等，这一论断在以后学者的研究中又有所验证。Hatush 和 Skitmore 又给出选择阶段标准的权重，即投标报价（0.55）、财务状况（0.15）、技术能力（0.1）、管理能力（0.1）、健康与安全记录（0.05）以及资源（0.05）等。Ng 等回顾了近 20 年的文献总结出：速度、复杂性、灵活性、责任感、质量水平、风险分配、价格竞争、工期确定性及价格确定性是竞购过程成功选择承包商最重要的要素。Alarcon 和 Mourgues、Mahdi 等、Waara 和 Brochner 进一步研究识别出普遍适用的选择标准与一些具体特殊的选择标准。普通的标准包括过去绩效、财务与合同管理以及价格，而具体的标准则各有不同。Singh 和 Tiong 通过对新加坡的建筑业主、承包商与开发商等问卷调查进行实证分析，指出承包商的类似工程经验是确保项目成功的关键因素；项目经理及其他工作人员的资质与最近三年类似工程经验水平是评价承包商能力的重要标准。Watt 等总结出 8 个具有代表性的软参数标准，即组织经历、工作量/能力项目管理经验、过去项目绩效、公司信誉、业主与承包商的关系、技术能力与方法手段。并且运用离散选择实验的方法对这 8 个软参数标准以及投标报价 9 个标准进行重要性排序，识别出过去项目绩效、技术能力、投标报价与项目管理经验是最重要的标准。邵军义通过文献分析指出优秀的工程项目承包商可通过承包商资质与信誉、承包商技术能力、承包商商务能力和承包商项目管理水平 4 个方面体现。梁迎迎认为在传统的承包商资质信誉、商务能力、经营能力、项目管理能力、技术能力等指标的基础之上，加入对资源的合理利用和环境保护的指标才体现承包商的基础实力和项目实力。

许多学者从建筑企业竞争力的角度也提出了选择承包商的重要因素，Merna 和 Smith 基于选择工程承包商的角度来考察建筑企业的竞争力，认为工程承包商的竞争优势来源于企业财务、技术、管理和资源能力 4 个方面。Russell 等提出应该从 5 个方面考虑承包商的竞争实力，包括资质、信誉与以往的业绩、财务稳定性、目前的经营状况、专业技术。Shen 等指出中国评价承包商竞争力的 7 个标准，即管理能力、技术能力、财务能力、组织结构、营销能力、社会文化以及计划对目标的贡献性。东南大学李启明教授建立了中国建筑企业的核心竞争力参数模型，主要由三个层次：第一层次包括社会影响力、技术能力、管理能力、营销能力、财务能力及资源管理能力；第二层次提出了 27 个指标；第三层次提出了 136 个具体的指标。学者刘晓峰提出建筑企业的竞争力测评模型的指标体系体现在文化能力、资源能力、经营能力、管理能力与环境能力等方面。清华大学唐文哲教授结合承包商的素质构成和国际承包项目的特点指出建设业伙伴关系模型中的提升核心竞争力须注重培养的 3 个方面能力，即资源获取能力、资源转化能力和学习创新能力。刘文娜从承包商系统的角度构建了包括工程承包商的财务状况、技术能力、市场影响力和管理能力 4 个方面的承包商竞争力评价体系。陈杨杨通过文献识别指出基本素质、财务能力、管理能力、技术能力、信誉情况、健康安全和环境可作为承包商资格预审评价指标体系。

通过上述文献分析可知，由于不同文献研究的目的不同，作者研究的背景不同，地域的不同等原因，不同文献中出现的指标也不尽相同。基于此，将采用文献检索的方法来识别传统项目管理模式下选择承包商的指标，识别过程中做了三项关键工作。

（1）选择标准名称的统一。由于研究目的不同、作者所处地域不同等原因，不同的文献对选择承包商的表达方式也存在差距，主要表达为"标准""指标"和"因素"。因此为了便于理解和分析整理，统一称其为"指标"。

（2）确定指标的细化程度。由于文献的研究目的不同，其所列指标的详细程度也不尽相同。某些文献着重研究选择承包商方法，列出了财务状况、管理能力、技术能力等一级指标；而有些文献着重研究业主选择承包商指标体系的建立，列出了一级指标和二级指标，有的细化到三级指标。为了对选取指标细化程度的统一，对于只有一级指标的文献，我们根据文意来对其进行细化，而对于细化到二级指标的文献，将直接选取。

（3）区分选择承包商的关键合作因素与关键竞争因素。通过对上述相关文献的归纳整理与分析可知，传统项目管理模式下选择承包商的指标大多集中于技术与管理能力方面，体现建筑企业的竞争能力，而没有强调合作伙伴模式下的信任以及态度等合作因素。因此，基于前文关键合作因素的研究基础，将传统项目管理模式下选择承包商指标作为形成合作伙伴模式下选择承包商的关键竞争因素的基础。

Irem 指出在选择一个潜在的合作伙伴时，不可能识别出所有的标准，并且要求合作伙伴全部满足，因此将以"承包商选择""承包商竞争力"和"建筑企业竞争力"为主要检索词在中文期刊数据库 CNKI、万方、维普中进行文献检索，在外文期刊数据库 Emerald、SDOL Elsevier、Springer 中进行文献检索，获得中文文献 38 篇以及相关英文文献 43 篇，共计 81 篇，本节选取出现频率较高的选择指标，在某种程度上也代表了其重要程度。

运用上述方法进行文献检索共识别出频度较高的 21 个二级指标，经过文献分析可以归纳为 4 个一级指标：设计与施工能力、信息化能力、技术装备能力、动力装备能力、技术先进性可以归纳为技术能力；财务稳定性、现金流、企业融资能力、企业赢利能力、资本运用能力、企业偿债能力可以归纳为财务能力；关键技术人员的经验、设备能力、劳动力资源使用能力、社会贡献能力、市场开拓能力可以归纳为资源能力；合同履约能力、安全事故数、过去的成绩、职工伤亡事故率、质量管理能力可以归纳为管理能力，具体结果见表 4-1。

表 4-1　传统项目管理模式下选择承包商指标列表

一级指标	二级指标	被引用次数
技术能力	设计与施工能力	78
	信息化能力	71
	技术装备能力	69
	动力装备能力	67
	技术先进性	55
财务能力	财务稳定性	72
	现金流	63
	企业融资能力	59
	企业赢利能力	57
	资本运用能力	57
	企业偿债能力	49
资源能力	关键技术人员的经验	69
	设备能力	61
	劳动力资源使用能力	60
	社会贡献能力	51
	市场开拓能力	53
管理能力	合同履约能力	73
	安全事故数	71
	过去的成绩	67
	职工伤亡事故率	64
	质量管理能力	57

4.1.1.2　关键竞争因素筛选

表 4-1 中的指标通过文献检索方法根据出现的频度次数大小而确定的，然而要将这些指标形成项目合作伙伴模式下选择承包商的关键竞争因素尚存在两个问题：一是识别的指标是笔者从传统项目管理模式下选择承包商的角度出发，通过相关文献研究成果和理论分析确定的，包含研究者的主观成分较大；二是传统项目管理模式有别于项目合作伙伴模式，上述识别的指标主要是从传统项目管理模式下选择承包商的理论推演上得出，未必完全适合应用于项目合作伙伴模式而形成关键竞争因素，必须要从上述指标体系中选出影响项目合作伙伴模式成功的反映承包商竞争能力的重要因素。因此，本节运用模糊数学中的隶属度分析、相关性分析、鉴别力分析对识别的传统项目管理模式下选择承包商指标做进一步筛选并进行信度和效度检验，科学的形成项目合作伙伴模式下选择承包商的关键竞争

因素。

A 隶属度分析

隶属度概念来自模糊数学，是指在模糊集合中，某个元素指标属于该模糊集合的程度中的一个具体数，这个数可能为 0 到 1 之间任意值。若这个值为最低值"0"，则表示该指标的隶属度最低；若这个值为最高值"1"，则表示该指标的隶属度最高。隶属度值高，表明该指标在很大程度上属于模糊集合，即评价指标 r_i 在评价体系中很重要，保留其作为一个正式评价指标；反之，则予以删除。隶属度计算公式为：

$$r_i = \frac{M_i}{M_n}$$ (4-1)

式中　r_i ——评价指标隶属度；

　　M_i ——专家选择总次数；

　　M_n ——参加评价的总人数。

本节将初步选取的 21 项指标设计成"项目合作伙伴模式下选择承包商重要度选择问卷"（附录 B）发放给具有工程背景的学员 230 份，样本情况分布见表 4-2。要求被试者根据自己的专业知识和实际工作经验，从 21 项指标中选出不少于 10 项以及不多于 15 项认为影响项目合作伙伴模式成功实施且体现承包商竞争能力最重要的指标。最后回收问卷 187 份，剔除没有合作伙伴模式经验的问卷 24 份，有效问卷 163 份，有效率为 71%。通过对 163 份有效问卷的统计分析，得到 21 项指标的隶属度，见表 4-3。以隶属度小于 0.3 为删除标准，删除隶属度低于 0.3 的市场开拓能力、社会贡献能力和技术先进性 3 个指标，保留 18 个指标。

表 4-2　样本情况分布

内容	所占比例	内容	所占比例
单位职能	业主 44.8%	学历	专科及以下 11.7%
	主承包商 55.2%		本科 66.2%
			硕士及以上 22.1%
职位	总经理 8.6%	企业性质	国企 36.2%
	副总经理（总工程师）12.9%		民营企业 32.5%
	项目经理（工程师）56.4%		国有企业改制的股份公司 27.6%
	其他 22.1%		外资企业或其他 3.7%
工作年限	5~10 年 19.6%	合作经验	1 次项目合作经验 18.4%
	10~15 年 31.3%		2 次项目合作经验 27.6%
	15 年以上 49.1%		长期战略合作伙伴 54.0%

表 4-3 项目合作伙伴模式下选择承包商指标的隶属度表

二级指标	隶属度	二级指标	隶属度
设计与施工能力	1	关键技术人员的经验	0.491
信息化能力	1	设备能力	0.337
技术装备能力	0.620	劳动力资源使用能力	0.583
动力装备能力	0.374	市场开拓能力	0.215
技术先进性	0.252	社会贡献能力	0.160
财务稳定性	0.656	合同履约能力	0.650
现金流	0.454	安全事故数	0.491
企业融资能力	0.656	过去的成绩	0.767
企业赢利能力	0.374	职工伤亡事故率	0.436
资本运用能力	0.436	质量管理能力	0.337
企业偿债能力	0.454		

B   相关性分析

经过隶属度分析后所保留的 18 个选择指标中有可能存在某种高度相互依存的关系，这种相关性极易造成指标的重复，不仅会增大评价体系的计算量，还会影响评价结果的正确性，因此应用相关性分析判别指标间的相对独立性。将所保留的 18 个选择指标设计成"项目合作伙伴模式下选择承包商指标重要度调查问卷"（附录 C）发放给与前述不同的具有工程背景的学员 230 份。问卷使用 5 分制李克特量表（Likert Scale）对被调查者在特定因素上的意见进行量化，最后回收问卷 174 份，剔除无效或模糊不清的问卷 38 份，有效问卷 136 份，有效率为78.2%。运用 SPSS17.0 统计软件对这些评价指标进行相关性分析，得到相关系数矩阵。设定临界值 M 为 0.6，在相关系数矩阵中共有 5 对指标的相关系数大于该临界值，删除其中隶属度较低的指标，保留其中的 13 个指标，相关性分析所做的调整见表 4-4。

表 4-4 相关性分析所做的调整

保留的评价指标	删除的评价指标	相关系数	显著性水平
现金流	企业赢利能力	0.665	0.000
安全事故数	职工伤亡事故率	0.853	0.000
技术装备能力	动力装备能力	0.780	0.000
财务稳定性	企业偿债能力	0.692	0.000
企业融资能力	资本运用能力	0.674	0.000

C   鉴别力分析

鉴别力分析是指评价指标区分评价对象的特征差异的能力。通常用变差系数（V_i）来描述评价指标的鉴别能力。变差系数越大，该指标的鉴别力越强；反之亦然。因此应删除变差系数相对较小（即鉴别力较差）的评价指标。计算公式为：

$$V_i = \frac{S_i}{\overline{X}} \tag{4-2}$$

式中，$S_i = \sqrt{\dfrac{1}{n}\sum (X_i - \overline{X})^2}$ 为标准差；$\overline{X} = \dfrac{1}{n}\sum_{i=1}^{n} X_i$ 为平均值。运用 SPSS17.0 对保留的 13 项指标进行方差分析，并在此基础上计算每个指标的变差系数。以 0.15 为临界值，所有的指标均具有较好的鉴别力，未对指标体系中的指标进行删减，保留 13 项二级指标构成了项目合作伙伴模式下选择承包商的关键竞争因素。因此项目合作伙伴模式下业主选择承包商的关键竞争因素包括技术能力、财务能力、资源能力和管理能力 4 个一级指标，保留的 13 个指标作为对应因素二级指标。因此，项目合作伙伴模式下业主选择建筑承包商关键竞争因素见表 4-5。

表 4-5　项目合作伙伴模式下业主选择建筑承包商关键竞争因素

关键竞争因素 （一级指标）		测量题项 （二级指标）	关键竞争因素 （一级指标）		测量题项 （二级指标）
B_1技术能力	C_1	设计与施工能力（自有机械设备净值与从业人员年平均人数比值）	B_3资源能力	C_7	关键技术人员的经验（关键技术人员过去完成项目的类型、规模及数量）
	C_2	信息化能力（信息化投入总额占固定资产投资的百分比）		C_8	劳动力资源使用能力（拟投入项目的操作工人的投入量及素质）
	C_3	技术装备能力（生产用固定资产原值与生产人员数比值）		C_9	设备能力（承包商自有及租赁的设备数量）
B_2财务能力	C_4	财务稳定性（流动资产与流动负债的比值）	B_4管理能力	C_{10}	安全事故数（企业当年完成每 100 亿元产值发生的安全事故起数）
	C_5	现金流（总资产与总负债的差值）		C_{11}	过去的成绩（过去 5 年内没有在工期内完成项目的数量以及没有在预算内完成项目的数量）
				C_{12}	质量管理能力（某时期内达到优良标准的竣工工程数与该时期内全部竣工工程数的比值）
	C_6	企业融资能力（承包商能为待建项目融通的资金额度）		C_{13}	合同履约能力（企业年度内完成完全合同的营业额与该年度完成的全部营业额的比值）

4.1.1.3　关键竞争因素检验

A　信度检验

本节使用 SPSS17.0 统计软件计算 Cronbach's α 值对项目合作伙伴模式下选择承包商关键竞争因素进行信度检验。内部一致性信度见表 4-6。

表 4-6　内部一致性信度

项目	总体	技术能力	财务能力	资源能力	管理能力
Cronbach's α 值	0.873	0.853	0.810	0.843	0.812

从上述数据可以看出，各项要素的 Cronbach's α 值均大于 0.7，从内部一致性角度来看，选择因素指标体系基本满足有较好的可信度，指标体系构建得很合理。

B　效度检验

效度是指指标体系测量的有效性。用"内容效度比"来表示。其主要通过专业人员的经验判断进行，确定指标与所需测量的内容范畴之间关系的密切程度。计算公式：

$$CVR = \frac{n_e - \dfrac{n}{2}}{\dfrac{n}{2}} \tag{4-3}$$

式中　　n_e——评判中认为某评价指标很好地表示了测量内容范畴的评判者人数；

　　　　n——参加评判的总人数。

本书选择了 30 位专家来做判断，结果有 26 位评判人员认为 13 个评价指标很好地反映了项目合作伙伴模式下选择承包商关键竞争因素的内容，即 CVR 是 0.73，表明具有较高的效度。

4.1.2　业主选择建筑承包商的评价因素体系构建

项目合作伙伴模式下选择承包商时除了以商务、技术等因素评价合作伙伴之外，还得考虑软层面的合作因素，兼有定性和定量指标。因此，本节构建项目合作伙伴模式下业主选择承包商评价因素体系时考虑以下几项原则。

（1）系统全面性与科学性原则。本书中构建项目合作伙伴模式下选择承包商评价因素体系时考虑了关键竞争因素，又考虑了该模式下项目成功应该注意的关键合作因素，并且关键合作因素的设计是利用科学的实证研究方法（结构方程）进行深入分析基础之上提出的，因素的纳入与选择考虑了既能够全面又能客观地反映被评企业的能力。

（2）可操作性原则。可操作性是指考虑指标数据的可获得性、便于量化处理及真实性。本书在构建选择指标体系时，关键竞争因素借鉴文献的量化标准，关键合作因素都是经过第 4 章结构方程分析验证后，可通过其测量题项进行赋值。除此之外，又对沈阳市城乡建设委员会招投标办公室的 4 位专家与多位建筑企业负责人就测量题项语言表达进行了修改与完善，以便于评价因素体系更容易赋值。

（3）定量与定性相结合原则。在设计选择因素体系时，尽量采用定量指标。本书中完全采用量化指标不能全面反映项目合作伙伴模式下承包商综合素质，提出的关键合作因素是项目合作伙伴模式下承包商综合素质的重要构成与体现，这些关键合作因素的数据只能根据专家调研主观赋值取得。

根据上述指标体系构建原则，结合第 4 章实证研究结论，本书构建该模式下业主选择承包商的评价因素体系。包括技术能力、财务能力、资源能力、管理能力、合作意愿、合作能力、关系能力及合作信誉（一级指标）。技术能力、财务能力、资源能力、管理能力可归类为关键竞争因素；合作意愿、合作能力、关系能力、合作信誉可归类为关键合作因素。关键竞争因素测量参考上述文献的归纳与整理，关键合作因素测量参考第 4 章结构方程分析验证后提取的测量题项（二级指标）。因此，项目合作伙伴模式下业主选择建筑承包商的评价因素体系见表 4-7。

表 4-7 项目合作伙伴模式下业主选择建筑承包商的评价因素体系

关键竞争因素（一级指标）		测量题项（二级指标）	关键竞争因素（一级指标）		测量题项（二级指标）
B$_1$ 技术能力	C$_1$	设计与施工能力（自有机械设备净值与从业人员年平均人数比值）	B$_3$ 资源能力	C$_7$	关键技术人员的经验（关键技术人员过去完成项目的类型、规模数量）
	C$_2$	信息化能力（信息化投入总额占固定资产投资的百分比）		C$_8$	劳动力资源使用能力（拟投入项目的操作工人的投入量及素质）
	C$_3$	技术装备能力（生产用固定资产原值与生产人员数比值）		C$_9$	设备能力（承包商自有及租赁的设备数量）
B$_2$ 财务能力	C$_4$	财务稳定性（流动资产与流动负债的比值）	B$_4$ 管理能力	C$_{10}$	安全事故数（企业当年完成每 100 亿元产值发生的安全事故起数）
	C$_5$	现金流（总资产与总负债的差值）		C$_{11}$	过去的成绩（过去 5 年内没有在工期内完成项目的数量以及没有在预算内完成项目的数量）
				C$_{12}$	质量管理能力（某时期内达到优良标准的竣工工程数与该时期内全部竣工的工程数的比值）
	C$_6$	企业融资能力（承包商能为待建项目融通的资金额度）		C$_{13}$	合同履约能力（企业年度内完成完合合同的营业额与该年度完成的全部营业额的比值）

续表 4-7

关键合作因素 （一级指标）		测量题项 （二级指标）	关键合作因素 （一级指标）		测量题项 （二级指标）
B₅ 合作意愿	C_{14}	高层为项目提供资源	B₇ 关系能力	C_{23}	充分信任伙伴决定
	C_{15}	高层参与项目合作		C_{24}	认为团队成员可靠
	C_{16}	风险与利益公平共享		C_{25}	理解合作目标与责任
	C_{17}	双方目标无冲突		C_{26}	合作理念顺利实施
B₆ 合作能力	C_{18}	伙伴之间的沟通从未间断	B₈ 合作信誉	C_{27}	关键员工较少流动
	C_{19}	项目成员具备有效沟通		C_{28}	吸引优秀人才
	C_{20}	冲突解决及时性		C_{29}	项目合作经历丰富
	C_{21}	冲突解决无攻击性		C_{30}	合作过的机构关系良好
	C_{22}	伙伴能应对市场突变			

4.2　项目合作伙伴模式下业主选择建筑承包商的评价因素体系运用

4.2.1　业主选择建筑承包商的评价模型

通过前几节的分析，构建了反映建筑承包商竞争能力的关键竞争因素和影响合作伙伴模式成功的关键合作因素相结合的项目合作伙伴模式下业主选择建筑承包商的评价因素体系。由于项目合作伙伴模式下建筑承包商投标报价虽然是阻碍"真正"合作关系的要素，但是报价也可以用来监控建筑项目质量与进步的，ErikssonP E 同时也指出合作伙伴模式下建筑项目保留必要程度的价格与权利也可以实现有效的交易。因此，项目合作伙伴模式下承包商的选择应该是关键合作因素、关键竞争因素与商务报价三个方面的综合评价。基于此建立该模式下的业主选择承包商模型。计算公式如下：

$$V = W_1 C + W_2 T + W_3 B \tag{4-4}$$

式中　　　V——综合评分值；

　　　　　C——关键竞争因素评分值；

　　　　　T——关键合作因素评分值；

　　　　　B——商务报价评分值；

W_1，W_2，W_3——关键竞争因素、关键合作因素、商务报价的权重，且 $W_1 + W_2 + W_3 = 1$。

4.2.2　基于模糊层次分析法的评价因素权重确定方法

在选择项目合作伙伴模式下承包商时，首先需要对初审合格的承包商进行关键竞争因素与关键合作因素的综合评分。这些指标既有定量的，也有定性的，评价结果也存在模糊性和不确定性；同时因素体系中的许多评价指标需要转化成一定量纲的数值，不同的指标对整个指标体系有着不同的贡献，因此本节使用一种改进的层次分析法——模糊层次分析法（F-AHP）对因素指标进行赋权确定权重。

模糊层次分析法是模糊数学和层次分析法相结合的方法。它将模糊数学引入层次分析法中，在使用层次分析法进行专家咨询时，考虑到主观判断的模糊性和不确定性，将专家的客观描述用实数域上的模糊数来描述，从而使所得到的判断矩阵成为模糊判断矩阵，然后转换成一致判断矩阵求解权重和排序来解决实际评价问题。

4.2.2.1 模糊一致判断矩阵的定义

定义1 在模糊层次分析中，作因素间的两两比较判断时，采用一个因素比另一个因素的重要程度定量表示，则可得到模糊判断矩阵 $A = (a_{ij})_{n \times n}$，即：

$$A = \begin{bmatrix} a_{11} & a_{12} & \cdots & a_{1n} \\ a_{21} & a_{22} & \cdots & a_{2n} \\ \vdots & \vdots & \vdots & \vdots \\ a_{n1} & a_{n2} & \cdots & a_{nn} \end{bmatrix} \quad (4-5)$$

如果其具有如下性质：

（1）$a_{ij} = 0.5$（$i = 1, 2, \cdots, n$）；

（2）$a_{ij} + a_{ji} = 1$（$j = 1, 2, \cdots, n$）。

则这样的判断矩阵称为模糊互补判断矩阵。其中 a_{ij} 是列元素与行元素比较的值，其取值标准可由表4-8确定。

定义2 若模糊互补判断矩阵 $A = (a_{ij})_{n \times n}$ 满足 $\forall$，i，j，k，$a_{ij} = a_{ik} - a_{jk} + 0.5$，则称模糊互补判断矩阵 A 为模糊一致判断矩阵。

表4-8 0.1~0.9a_{ij}取值标准

标度	定义	说　明
0.5	同等重要	两元素相比较，同等重要
0.6	稍微重要	两元素相比较，一元素比另一元素稍微重要
0.7	明显重要	两元素相比较，一元素比另一元素明显重要
0.8	强烈重要	两元素相比较，一元素比另一元素强烈重要
0.9	绝对重要	两元素相比较，一元素比另一元素绝对重要
0.1~0.4 反比较	若因素 i 与 j 相比较得到判断 a_{ij}，则因素 j 与因素 i 相较得到判断 $1-a_{ij}$	

4.2.2.2 模糊一致判断矩阵的性质

定理1 由模糊互补判断矩阵构造模糊一致判断矩阵，如果对模糊互补判断矩阵按行求和，记为 $a_i = \sum_{k=1}^{m} f_{ik}, i = 1, \cdots, n$，实施如下数学变换：

$$a_{ij} = \frac{a_i - a_j}{2n} + 0.5 \qquad (4\text{-}6)$$

则由此建立的矩阵 $\boldsymbol{A}' = (a_{ij})_{n \times n}$ 是模糊一致判断矩阵。

定理 2　设模糊矩阵 $\boldsymbol{A} = (a_{ij})_{n \times n}$ 是模糊一致判断矩阵，则有：

（1）$\forall i\ (i=1, 2, \cdots, n)$，有 $a_{ii} = 0.5$；

（2）$\forall i, j(i, j = 1, 2, \cdots, n)$，$a_{ij} + a_{ji} = 1$；

（3）$\boldsymbol{A}$ 的第 i 行和第 j 列元素之和为 n；

（4）从 $\boldsymbol{A}$ 中划掉任意一行及其对应列所得的子矩阵仍然是模糊一致判断矩阵；

（5）$\boldsymbol{A}$ 满足中分传递性，即当 $\lambda \geqslant 0.5$ 时，若 $a_{ii} \geqslant \lambda$，$a_{ik} \geqslant \lambda$，则有 $a_{ik} \geqslant \lambda$；当 $\lambda \leqslant 0.5$ 时，若 $a_{ii} \leqslant \lambda$，$a_{ik} \leqslant \lambda$，则有 $a_{ik} \leqslant \lambda$。

以上性质可以这样理解：

（1）自己与自己相比是同样重要的；

（2）元素 j 与元素 i 相比较的重要性与元素 i 与元素 j 相比较的重要性刚好互补；

（3）模糊一致判断矩阵有很好的鲁棒性；

（4）如果元素 i 比元素 j 重要，元素 j 比元素 k 重要，则元素 i 一定比元素 k 重要；如果元素 i 不比元素 j 重要，元素 j 不比元素 k 重要，那么元素 i 一定不比元素 k 重要。

定理 3　模糊一致判断矩阵权重计算的通用公式：

$$W_i = \frac{1}{n} - \frac{1}{2\alpha} + \frac{1}{n\alpha} \sum_{k=1}^{n} a_{ik}, i \in \Omega \qquad (4\text{-}7)$$

其中，参数 $\alpha \geqslant \dfrac{n-1}{2}$。计算 W_i 值为评价指标的权重或其子因素相对于某评价指标的权重。

综上所述，基于模糊层次分析法确定项目合作伙伴模式下承包商选择因素体系权重的计算步骤总结如下：

（1）依据式（4-5）作因素间的两两比较判断，构造模糊互补判断矩阵；

（2）依据式（4-6）进行数学变换，构造模糊一致判断矩阵；

（3）依据式（4-7）计算构造模糊一致判断矩阵的指标权重，可求得一级指标的权重及它们下层指标的权重；

（4）上面计算的只是一组元素对其上层中某一元素的权重向量，综合各层的权重矩阵，可得到 n 层递阶结构的指标因素层相对于总目标的合成权重矩阵。即：

$$W_n^1 = \prod_2^{k=n} W_k^{k-1} = W_n^{n-1} \cdot W_{n-1}^{n-2} \cdots W_3^2 W_2^1 \tag{4-8}$$

其中，$W_k^{k-1} = (W_1^{(k)}, W_2^{(k)}, \cdots, W_{n_{k-1}}^{(k)})$ 表示 k 层上元素对 k-1 层元素的分配权重。

4.2.3 业主选择建筑承包商的评价因素赋值

通过模糊层次分析法确定指标的权重后，还需要计算各级指标的评估分值。其中，定量指标只涉及效益型指标和成本型指标，效益型指标是指属性值越大越好的指标；成本型指标是指属性值越小越好的指标。

（1）对于效益型指标，令

$$Z_{ik} = \frac{y_{ik} - y_i^{\min}}{y_i^{\max} - y_i^{\min}} \tag{4-9}$$

（2）对于成本型指标，令

$$Z_{ik} = \frac{y_i^{\max} - y_{ik}}{y_i^{\max} - y_i^{\min}} \tag{4-10}$$

式中　Z_{ik}——第 k 个承包商的第 i 个底层指标的评分值，$k = 1, 2, \cdots, n$（n 为参与评价的承包商数）；

y_{ik}——第 k 个承包商的第 i 个底层指标的实测值；

$y_i^{\min}$——n 个承包商第 i 个底层指标的最小（最差）实测值；

$y_i^{\max}$——n 个承包商第 i 个底层指标的最大（最好）实测值。

计算各级指标的评价分值时，关键竞争因素指标中部分定量数据可以由承包商的背景资料直接获得；部分定性的数据可以通过专家综合评价基础上获取，专家可根据其真实情况判断给出实测分值，模糊集为很强、强、较强、一般、弱五个层次，其对应评价集为 1.0，0.75，0.5，0.25，0。关键合作因素中的二级指标的数据可通过承包商过去合作过的伙伴或者第三方咨询机构调查问卷获得，专家结合调查问卷中的相关题项数据也根据定型数据的评判标准（很强、强、较强、一般、弱）获取综合评分，总评分计算方法为各分项的加权平均。商务报价评分为成本型指标，可以参考式（4-10）求得。最后用各指标数据与相应的绝对权重相乘并求得总分，即承包商综合指标评价值。

4.3 实 例 评 价

本章就卓尔控股有限公司选择项目合作承包商为例进行实例分析。卓尔控股有限公司是中国领先的以交易平台为主的公用物业提供商和服务商，专注于投资、开发及经营大规模的交易平台及公用物业项目，为各类目标企业提供全面的物业解决方案与运营服务。公司秉持"积极、执着、稳健、公信"的企业精神，实施"同心多元化"发展战略。卓尔控股有限公司于 2011 年进入沈阳地产市场，2016 年拟在沈阳于洪区投资几亿元开发沈阳客厅大型地产项目。根据以上设想，决定该地产项目采用项目合作伙伴模式进行实施，拟选合作承包商作为项目的施工单位。根据前期市场调研与分析，按照相关资格审查条件对拟参与建设的相关施工承包商进行资格审查，初选名录包括 5 个承包商。选择承包商具体过程如下。

4.3.1 构造模糊一致判断矩阵

采用本书构建的项目合作伙伴模式下业主选择承包商的评价因素体系（见表 4-7），对于因素体系中的各级指标进行两两比较，采用一个指标比另一个指标的重要程度定量表示，专家对各指标的相对重要程度进行评价，经协商一致后确定各层的模糊互补判断矩阵，并按照式（4-6）的方法将各模糊判断矩阵转换为模糊一致判断矩阵，计算结果如下。

因素层模糊互补判断矩阵：

$$A_1 = \begin{bmatrix} 0.5 & 0.5 & 0.6 \\ 0.5 & 0.5 & 0.6 \\ 0.4 & 0.4 & 0.5 \end{bmatrix}$$

因素层转换后的模糊一致判断矩阵：

$$A_1' = \begin{bmatrix} 0.5000 & 0.5000 & 0.5500 \\ 0.5000 & 0.5000 & 0.5500 \\ 0.4500 & 0.4500 & 0.5000 \end{bmatrix}$$

关键竞争因素一级指标层模糊互补判断矩阵：

$$A_2 = \begin{bmatrix} 0.5 & 0.5 & 0.7 & 0.6 \\ 0.5 & 0.5 & 0.7 & 0.6 \\ 0.3 & 0.3 & 0.5 & 0.4 \\ 0.4 & 0.4 & 0.6 & 0.5 \end{bmatrix}$$

关键竞争因素一级指标层转换后的模糊一致判断矩阵：

$$A_2' = \begin{bmatrix} 0.5000 & 0.5000 & 0.6000 & 0.5500 \\ 0.5000 & 0.5000 & 0.6000 & 0.5500 \\ 0.4000 & 0.4000 & 0.5000 & 0.4500 \\ 0.4500 & 0.4500 & 0.5500 & 0.5000 \end{bmatrix}$$

关键合作因素一级指标层模糊互补判断矩阵：

$$A_3 = \begin{bmatrix} 0.5 & 0.3 & 0.3 & 0.6 \\ 0.7 & 0.5 & 0.5 & 0.8 \\ 0.7 & 0.5 & 0.5 & 0.8 \\ 0.4 & 0.2 & 0.2 & 0.5 \end{bmatrix}$$

关键合作因素一级指标层转换后的模糊一致判断矩阵：

$$A_3' = \begin{bmatrix} 0.5000 & 0.4000 & 0.4000 & 0.5500 \\ 0.6000 & 0.5000 & 0.5000 & 0.6500 \\ 0.6000 & 0.5000 & 0.5000 & 0.6500 \\ 0.4500 & 0.3500 & 0.3500 & 0.5000 \end{bmatrix}$$

二级指标层（B_1）-（C_i）模糊互补判断矩阵：

$$A_4 = \begin{bmatrix} 0.5 & 0.5 & 0.6 \\ 0.5 & 0.5 & 0.6 \\ 0.4 & 0.4 & 0.5 \end{bmatrix}$$

二级指标层（B_1）-（C_i）转换后的模糊一致判断矩阵：

$$A_4' = \begin{bmatrix} 0.5000 & 0.5000 & 0.5500 \\ 0.5000 & 0.5000 & 0.5500 \\ 0.4500 & 0.4500 & 0.5000 \end{bmatrix}$$

二级指标层（B_2）-（C_i）模糊互补判断矩阵：

$$A_5 = \begin{bmatrix} 0.5 & 0.5 & 0.5 \\ 0.5 & 0.5 & 0.5 \\ 0.5 & 0.5 & 0.5 \end{bmatrix}$$

二级指标层（B_2）-（C_i）转换后的模糊一致判断矩阵：

$$A_5' = \begin{bmatrix} 0.5000 & 0.5000 & 0.5000 \\ 0.5000 & 0.5000 & 0.5000 \\ 0.5000 & 0.5000 & 0.5000 \end{bmatrix}$$

二级指标层（B_3）-（C_i）模糊互补判断矩阵：

$$A_6 = \begin{bmatrix} 0.5 & 0.6 & 0.6 \\ 0.4 & 0.5 & 0.5 \\ 0.4 & 0.5 & 0.5 \end{bmatrix}$$

二级指标层（B_3）-（C_i）转换后的模糊一致判断矩阵：

$$A_6' = \begin{bmatrix} 0.5000 & 0.5500 & 0.5500 \\ 0.4500 & 0.5000 & 0.5000 \\ 0.4500 & 0.5000 & 0.5000 \end{bmatrix}$$

二级指标层（B_4）-（C_i）模糊互补判断矩阵：

$$\boldsymbol{A}_7 = \begin{bmatrix} 0.5 & 0.6 & 0.6 & 0.7 \\ 0.4 & 0.5 & 0.5 & 0.6 \\ 0.4 & 0.5 & 0.5 & 0.6 \\ 0.3 & 0.4 & 0.4 & 0.5 \end{bmatrix}$$

二级指标层（B_4）-（C_i）转换后的模糊一致判断矩阵：

$$\boldsymbol{A}_7' = \begin{bmatrix} 0.5000 & 0.5500 & 0.5500 & 0.6000 \\ 0.4500 & 0.5000 & 0.5000 & 0.5500 \\ 0.4500 & 0.5000 & 0.5000 & 0.5500 \\ 0.4000 & 0.4500 & 0.4500 & 0.5000 \end{bmatrix}$$

二级指标层（B_5）-（C_i）模糊互补判断矩阵：

$$\boldsymbol{A}_8 = \begin{bmatrix} 0.5 & 0.5 & 0.5 & 0.7 \\ 0.5 & 0.5 & 0.5 & 0.7 \\ 0.5 & 0.5 & 0.5 & 0.7 \\ 0.3 & 0.3 & 0.3 & 0.5 \end{bmatrix}$$

二级指标层（B_5）-（C_i）转换后的模糊一致判断矩阵：

$$\boldsymbol{A}_8' = \begin{bmatrix} 0.5000 & 0.5000 & 0.5000 & 0.6000 \\ 0.5000 & 0.5000 & 0.5000 & 0.6000 \\ 0.5000 & 0.5000 & 0.5000 & 0.6000 \\ 0.4000 & 0.4000 & 0.4000 & 0.5000 \end{bmatrix}$$

二级指标层（B_6）-（C_i）模糊互补判断矩阵：

$$\boldsymbol{A}_9 = \begin{bmatrix} 0.5 & 0.4 & 0.4 & 0.5 & 0.6 \\ 0.6 & 0.5 & 0.5 & 0.6 & 0.7 \\ 0.6 & 0.5 & 0.5 & 0.6 & 0.7 \\ 0.5 & 0.4 & 0.4 & 0.5 & 0.6 \\ 0.4 & 0.3 & 0.3 & 0.4 & 0.5 \end{bmatrix}$$

二级指标层（B_6）-（C_i）转换后的模糊一致判断矩阵：

$$\boldsymbol{A}_9' = \begin{bmatrix} 0.5000 & 0.4500 & 0.4500 & 0.5000 & 0.5500 \\ 0.5500 & 0.5000 & 0.5000 & 0.5500 & 0.6000 \\ 0.5500 & 0.5000 & 0.5000 & 0.5500 & 0.6000 \\ 0.5000 & 0.4500 & 0.4500 & 0.5000 & 0.5500 \\ 0.4500 & 0.4000 & 0.4000 & 0.4500 & 0.5000 \end{bmatrix}$$

二级指标层（B_7）-（C_i）模糊互补判断矩阵：

$$\boldsymbol{A}_{10} = \begin{bmatrix} 0.5 & 0.6 & 0.6 & 0.7 \\ 0.4 & 0.5 & 0.5 & 0.6 \\ 0.4 & 0.5 & 0.5 & 0.6 \\ 0.3 & 0.4 & 0.4 & 0.5 \end{bmatrix}$$

二级指标层（B_7）-（C_i）转换后的模糊一致判断矩阵：

$$A'_{10} = \begin{bmatrix} 0.5000 & 0.5500 & 0.5500 & 0.6000 \\ 0.4500 & 0.5000 & 0.5000 & 0.5500 \\ 0.4500 & 0.5000 & 0.5000 & 0.5500 \\ 0.4000 & 0.4500 & 0.4500 & 0.5000 \end{bmatrix}$$

二级指标层（B_8）-（C_i）模糊互补判断矩阵：

$$A_{11} = \begin{bmatrix} 0.5 & 0.6 & 0.5 & 0.4 \\ 0.4 & 0.5 & 0.4 & 0.3 \\ 0.5 & 0.6 & 0.5 & 0.4 \\ 0.6 & 0.7 & 0.6 & 0.5 \end{bmatrix}$$

二级指标层（B_8）-（C_i）转换后的模糊一致判断矩阵：

$$A'_{11} = \begin{bmatrix} 0.5000 & 0.5500 & 0.5000 & 0.4500 \\ 0.4500 & 0.5000 & 0.4500 & 0.4000 \\ 0.5000 & 0.5500 & 0.5000 & 0.4500 \\ 0.5500 & 0.6000 & 0.5500 & 0.5000 \end{bmatrix}$$

4.3.2 各层次权重的计算

按照式（4-7）计算各模糊一致判断矩阵中各因素的权值，计算中均取 $\alpha = (n-1)/2$。因素层权重为 $W_1 = W_2 = 0.367$，$W_3 = 0.236$，关键竞争因素层下的一级指标权重值为 $W = (0.28, 0.28, 0.21, 0.23)$。各二级指标相对于一级指标的权重值为 $W_{21} = (0.35, 0.35, 0.30)$。重复上述步骤可得其余指标的权重值，结果见表4-9。最后按照式（4-8）将因素层权重及其下面的一级指标权重与相应二级指标权重相乘，可得到各指标的绝对权重。

表4-9 各二级指标相对于一级指标权重

关键竞争因素	二级指标及权重	关键竞争因素	二级指标及权重
B₁(0.28)	C₁(0.35)	B₃(0.21)	C₇(0.36)
	C₂(0.35)		C₈(0.32)
	C₃(0.30)		C₉(0.32)
B₂(0.28)	C₄(0.33)	B₄(0.23)	C₁₀(0.28)
			C₁₁(0.25)
	C₅(0.34)		C₁₂(0.25)
	C₆(0.33)		C₁₃(0.22)

关键合作因素	二级指标及权重	关键合作因素	二级指标及权重
$B_5(0.23)$	$C_{14}(0.26)$	$B_7(0.29)$	$C_{23}(0.28)$
	$C_{15}(0.27)$		$C_{24}(0.25)$
	$C_{16}(0.27)$		$C_{25}(0.25)$
	$C_{17}(0.2)$		$C_{26}(0.22)$
$B_6(0.29)$	$C_{18}(0.20)$	$B_8(0.19)$	$C_{27}(0.25)$
	$C_{19}(0.22)$		$C_{28}(0.22)$
	$C_{20}(0.22)$		$C_{29}(0.25)$
	$C_{21}(0.20)$		$C_{30}(0.28)$
	$C_{22}(0.16)$		

4.3.3 确定承包商

计算因素体系各级指标的评估分值，定量指标进行归一化，定性指标的量化标准（很强、强、较强、一般、弱）对应其评价集 $E = (1.0, 0.75, 0.5, 0.25, 0)$，多位评价人员的评价结果进行加权平均，得出其相关指标的评价结果，见表 4-10。

表 4-10 备选承包商因素综合指标评分表

承包商评价指标	承包商 1	承包商 2	承包商 3	承包商 4	承包商 5
C_1	0.83	0.65	0.68	0.70	0.76
C_2	0.75	0.90	0.79	0.65	0.75
C_3	0.80	0.85	0.87	0.86	0.86
C_4	0.79	0.78	0.65	0.88	0.84
C_5	0.85	0.88	0.93	0.87	0.83
C_6	0.65	0.60	0.76	0.67	0.86
C_7	0.60	0.80	0.67	0.66	0.67
C_8	0.85	0.82	0.79	0.87	0.68
C_9	0.89	0.90	0.75	0.79	0.66
C_{10}	0.86	0.82	0.80	0.68	0.75
C_{11}	0.84	0.79	0.88	0.85	0.69
C_{12}	0.93	0.65	0.60	0.76	0.74
C_{13}	0.69	0.68	0.62	0.78	0.81
C_{14}	0.87	0.56	0.66	0.94	0.83
C_{15}	0.65	0.43	0.68	0.76	0.72
C_{16}	0.80	0.35	0.44	0.63	0.80

承包商评价指标	承包商 1	承包商 2	承包商 3	承包商 4	承包商 5
C_{17}	0.66	0.50	0.50	0.74	0.69
C_{18}	0.65	0.60	0.65	0.68	0.85
C_{19}	0.83	0.65	0.52	0.60	0.87
C_{20}	0.82	0.50	0.62	0.74	0.69
C_{21}	0.69	0.64	0.65	0.77	0.66
C_{22}	0.70	0.72	0.69	0.87	0.73
C_{23}	0.66	0.70	0.66	0.67	0.86
C_{24}	0.72	0.61	0.60	0.86	0.86
C_{25}	0.74	0.69	0.61	0.85	0.74
C_{26}	0.68	0.69	0.62	0.79	0.81
C_{27}	0.75	0.70	0.65	0.79	0.76
C_{28}	0.73	0.69	0.72	0.85	0.70
C_{29}	0.81	0.56	0.70	0.84	0.83
C_{30}	0.72	0.67	0.68	0.74	0.82

依据专家对于 5 个备选承包商评价因素打分情况，计算各承包商的关键竞争因素和关键合作因素综合指标分数，即评价分数与绝对权重相乘，结果可得个承包商的关键竞争因素和关键合作因素综合分数。依据式（4-9）计算出承包商的商务报价评分，进而确定承包商综合总分及排序结果，见表 4-11。由表 4-11 可知，承包商 4 的因素综合指标分数最高，为最后确定的中标承包商，承包商 3 与承包商 5 次之，承包商 1 最弱。

表 4-11　承包商综合总分及排序

承包商	关键竞争因素	关键合作因素	报价/万元	商务报价评分	总分	排序
承包商 1	0.755	0.438	160	0.667	0.595	5
承包商 2	0.743	0.684	162	0.333	0.602	4
承包商 3	0.807	0.522	158	1.000	0.723	2
承包商 4	0.832	0.781	160	0.667	0.749	1
承包商 5	0.841	0.821	164	0	0.610	3

5 战略合作伙伴模式下承包商选择合作因素分析

建筑行业实行公开招标业主需承担更大的选择风险，公开招标规定范围之外的建筑项目，业主可以通过有限邀请招标与承包商建立长期的战略合作伙伴关系，即战略合作伙伴模式。本章的目的是识别业主选择承包商的关键合作因素。首先采用扎根理论方法从选择承包商研究视角对企业管理人员的访谈资料进行三级编码，归纳出该模式下业主选择承包商时需关注的关键合作因素，进而提出关键合作因素与项目绩效之间的影响关系假设；然后通过因子分析与结构方程进行实证检验，为构建战略合作伙伴模式下选择承包商评价因素体系提供理论支撑。

5.1 战略合作伙伴模式下的关键合作因素识别

5.1.1 数据采集

采用半结构化访谈收集原始资料，结合相关文献资料进行分析，半结构性访谈是利用一级注册建造师继续教育培训的机会，同时也利用人脉采访了一些企业的管理人员，访谈通过面对面方式进行，每次访谈时间基本控制在 30~40 min，同时在访谈过程中根据具体情况还要不断地进行有效追问。原始数据的收集主要是基于业主与承包商在应用战略合作的工程项目实际情况，为了受访者能够更好地理解此次访谈的宗旨，提升访谈数据的可靠性，所选取的受访者都是熟悉并了解战略合作伙伴模式的中高层管理人员，且所受访者均具有工程类本科学历或学习经历，让访谈者从建筑工程战略合作角度出发，对访谈主题进行深入思考和表达。访谈对象主要来自 7 个业主单位与 7 个总承包商单位，每个单位 2 人，具体访谈对象基本信息见表 5-1。为了对理论模型进行饱和度检验，本文将 28 位受访者分为两组，随机抽取其中 20 份（2/3）访谈记录用于该研究的模型搭建，剩余 8 份（1/3）用于理论饱和度检验。访谈内容主要分为两个方面：一是对战略合作伙伴模式的认识和具体实践情况；二是影响战略合作伙伴模式成功因素的调查，访谈提纲见表 5-2。

表 5-1 访谈对象基本信息

内容	所占比例	内容	所占比例
单位职能	业主 50.0%	职位	高层干部 64.2%
	主承包商 50.0%		中层干部 35.8%
企业性质	国企 50.0%	工作年限	5~10 年 14.4%
	民营企业 28.6%		10~15 年 28.6%
	国企改制的股份公司 22.4%		15 年以上 57.1%

表 5-2 访谈提纲

访谈主题	主要内容提纲
对战略合作伙伴模式认识	您认为战略合作伙伴模式与项目合作伙伴模式有什么区别
具体实践情况	您从事过的战略合作伙伴模式项目有成功的吗,目前贵企业的长期合作伙伴有几个,为什么有的伙伴没有继续长期合作,具体谈谈原因
战略合作伙伴模式成功影响因素的调查	(1)您认为实施战略合作伙伴模式有哪些关键合作因素与阻碍因素; (2)对于关键合作因素,您能再深入谈一谈吗,例如与目前传统关键影响因素的区别
追问访谈内容	(1)您认为这些关键合作因素要求承包商应该具备哪些软能力; (2)具体在选择承包商时怎么能有效衡量这些标准呢

5.1.2 数据编码

5.1.2.1 开放性编码

根据收集的原始资料按照开放性编码顺序进行整理与分析,将收集到的文本逐字进行标签,共得到 312 条原始语句,对这些信息完整语句进行意义判别,删除 84 条与本课题研究无关的原始语句,整理后共获得 228 条原始语句。然后不断比较、提炼、甄别和再比较,形成 48 个初始概念,将初始概念进行整理和范畴化,范畴化后的结果即为从选择承包商视角出发识别出来的影响战略合作伙伴模式成功的合作要素,由于篇幅所限,只摘取部分原始语句。开放性编码过程及结果见表 5-3。

表 5-3　开放性编码过程及结果

访谈文本中代表性的原始语句	概念化	范畴化
（1）当承包商拥有先进的施工方案和技术时，会在业主要求的基础上提出合理化建议，改善项目建设进度、质量或者费用，承包商愿意与他长期合作； （2）业主希望承包商用创新性的思想解决问题，例如有的承包商遇到新问题担心成本高，不愿意做，如果愿意想办法去实施，省人工省材料	先进技术 新思想 寻找新办法	创新性
（1）长期合作业主与承包商遇到任何问题都要一起面对解决，外部的市场、环境等不确定性因素太多，应该具有柔性应对外部环境的变化； （2）选择合作的承包商都愿意与知名的企业合作，在市场上具有竞争优势，不仅掌握新技术、低成本、灵活处理，还能应对市场任何变化使项目成功	柔性 环境变化 灵活 变化	变化灵活性
（1）业主承包商其实都想获利，现在市场竞争也激烈，如果真有好的项目给我们，承包商也不愿意斤斤计较短期利润，还是非常愿意为业主分担风险的； （2）如果企业领导对于我们的业绩满意我们就知足了，我们会继续为企业好好工作，肯定保证各项目标顺利完成； （3）企业的高层如果把建立战略合作伙伴作为一项政策，那我们非常愿意成为其中的一员； （4）企业领导支持我们项目就应该多投入资源，那我们也愿意投入技术资金长期合作	愿意分担 领导满意 战略高度	高层支持
（1）承包商关注甲方是否长期有项目，承包商会全心全意合作，即使没签长期合作协议，也争取获得长期的项目机会； （2）业主不会轻易给承包商允诺，但是业主保持与承包商的长期联系就是真正的承诺； （3）业主与承包商目标应该首先是关注绩效，其次是态度积极	真正承诺 约束 态度 长期联系	长期承诺
（1）承包商与业主本身存在博弈，但是如果双方的发展目标与未来规划比较吻合，那么合作的基础就比较好； （2）实际上承包商也愿意寻找长远规划的企业合作，不愿意与无长远规划、短期行为的业主合作； （3）如果双方存在共识，提升企业的价值是双方长远发展的立足之本，那么合作应该是真诚并且相互信任，合作可能非常愉快且长久	未来规划 发展目标 目标一致 共识	共同愿景
（1）承包商在项目中感受到真正的公平，那么承包商愿意与业主长期合作； （2）合作的业主应该真心把承包商看作一个伙伴，应该真心投入各自所拥有的资源，公平享有； （3）由于信息不对称，业主害怕承包商在施工阶段的机会主义行为，从而将风险过多地转移给承包商，实际上如果双方长期合作，承包商会选择合作，业主应该选择合理风险分担策略以加强双方合作	真正公平 共享资源 合理分担 真心投入	地位平等

续表5-3

访谈文本中代表性的原始语句	概念化	范畴化
（1）承包商也明白业主希望合作目的是看能不能带来绩效的改善，如果项目绩效越来越好，业主也愿意合作； （2）业主希望双方合作一方面带来经济收益，另一方面能够不断提高本身的能力，互相借鉴吸收长处提高竞争力	绩效改善 互相借鉴 能力提高 吸收	吸收改善
（1）业主遇到新问题，提出新要求，承包商要主动学习解决问题； （2）承包商应该及时掌握施工中遇到的问题，并低成本解决； （3）承包商应该具备不断学习的能力，应该常常组织学习新规范、新政策、新技术； （4）企业长期合作伙伴首先要看企业员工的精神面貌和学习意识，因为企业的面貌反映企业的文化以及管理风格	主动学习 领会 员工精神 面貌	学习意识
（1）业主非常关注承包商团队的素质，关注员工的流动性与稳定性； （2）学习的技术应该能吸收领会应用并且付诸实践，现在提倡学习型组织； （3）企业相应的规章制度保障员工进步，这样的企业是值得信任与长期合作的； （4）项目经理对于项目的成与败非常重要的，优秀的管理人员长期合作共同事有助于双方的共同进步	团队稳定性 学习型组织 吸引人才 共同进步	学习团队
（1）员工私下也应该多沟通交流，说到底企业合作关系也是企业中的人与人的合作，不一定都是工作中遇到的问题，私事也可以，这些感情可以带到工作中的； （2）项目部多组织一些联谊活动、参观考察等活动，团队多交流； （3）大家增进感情对于日后的合作都是有用的； （4）工作中不要相互抱怨，有事情大家互相通气一起解决	公开交流 沟通 互相谅解 互相通气 无抱怨	公开交流
（1）业主与承包商的文化背景相同最好，比如国企与国企，民营与民营，管理风格相似，企业文化相似，合作能更顺利； （2）文化问题很短时间体现不明显，如果合作时间长了，可能会出现文化的差异与分歧，矛盾会渐渐增加； （3）长期合作影响的因素很多，一个企业的文化作用短期体现不明显，但是长期合作，双方还是共同点多合作关系可能会持续长久，有利于绩效的提升	文化相似 风格相似 背景相似	合适文化
（1）承包商与业主理解双方的使命与目标，应该了解对方合作的意图措施，理解得越透彻，双方合作越顺畅，关系越来越紧密； （2）高层本身要理解合作的理念与长期目标，并且要宣讲到基层，帮助员工理解并实施； （3）合作的理念与内容对于实施者非常重要，执行者要非常明白并理解合作模式与传统的项目管理模式的异同，理论可以指导实践，只有理解合作的概念才能执行顺利，促进项目顺利完成及提升绩效	目标理解 冲突解决 关系紧密 指导实践	理解合作概念
（1）长期合作双方应该相互信任，如果不信任也不能合作这么长时间； （2）承包商与业主在业内的名声得好，至少关键的问题的口碑要好，不恶意刁难承包商； （3）只有相互信任双方合作双方才能够越走越远，所以关系处理非常重要； （4）有的时候现场遇到问题合同审批需要一段时间，承包商处于无合同施工的情况下，业主相信承包商能按照合同工作	信任 诚实 可靠	相互信任

5.1.2.2 主轴编码

主轴编码过程中，参考国内外的合作伙伴选择相关文献，结合建筑工程战略合作伙伴模式的特点，从选择承包商的视角得到 5 个主轴编码下的副范畴，即创新能力——创新性、变化灵活性；长期合作意愿——高层支持、长期承诺、共同愿景、地位平等；学习能力——持续改善、学习氛围、优秀团队；文化相容性——公开交流、合适文化；关系能力——相互信任、合作概念理解。具体主轴编码过程和结果见表 5-4。

表 5-4　主轴编码过程和结果

副范畴	主范畴
创新性	创新能力
变化灵活性	
高层支持	长期合作意愿
长期承诺	
共同愿景	
地位平等	
持续改善	学习能力
学习氛围	
优秀团队	
公开交流	文化相容性
合适文化	
相互信任	关系能力
合作概念理解	

5.1.2.3 选择性编码

本书确定战略合作伙伴模式下选择承包商时的关键合作因素为选择性编码的核心范畴，围绕这一核心范畴可解释为业主与承包商合作双方建立战略合作伙伴关系首先应该具有长期合作意愿为内在驱动，选择文化相容性好的承包商为前提，注重创新能力、学习能力及关系能力的行为表现，才可能有益于业主与承包商保持长期的战略合作伙伴关系，为双方带来项目绩效。因此，"创新能力""长期合作意愿""学习能力""文化相容性"及"关系能力"五个主范畴可以作为战略合作伙伴模式下选择承包商时关键合作因素的特征表现，具有一定的解释力。

5.1.2.4 饱和度检验

为保证扎根理论研究过程的科学性以及研究结果的准确性，对剩下的 8

份（1/3）访谈记录通过编码和分析等相同的研究方式去重新编排。结果表明，除已知的五大范畴外没有新的发现范畴和关系。即对先前采用的 20 份访谈记录所进行的开放性编码、主轴编码和选择性编码后所获得的四个主范畴并没有产生新的范畴和关系。由此本节认为，初步建立的选择性编码在理论模型上是饱和的。

5.1.3 战略合作伙伴模式下关键合作因素及项目绩效的界定

上述从业主选择承包商的视角通过扎根理论三级编码归纳出该模式下选择承包商时需要注意的关键合作因素，即"创新能力""长期合作意愿""学习能力""文化相容性"和"关系能力"。本节根据扎根理论访谈和编码得出的结果，结合相关文献分析，对相关变量进行界定。

5.1.3.1 创新能力

1912 年，约瑟夫·熊彼特在《经济发展理论》中首次提出创新概念的，指出创新是建立一种新的生产函数，即将生产要素进行重新组合，最终实现生产要素和生产条件的"新组合"。后来的学者又对创新的概念进行扩展，Burns 认为创新能力是组织成功采纳和实施某种新思想、新工艺或新产品的能力。Lall 指出所谓创新能力是组织成功采用或实施新理念、新工艺和新产品的能力。Cohen 将创新能力定义为一种吸收能力，指企业识别全新的、有价值的外部信息，吸收并将其转化为商业目的的能力。Hogan 等认为创新能力是指企业充分吸收和改进现有的技术，并通过吸收和改进的过程提升现有生产和创造技术的一种能力。Börjesson 将创新能力定义为企业通过系统创新来保持竞争力的能力，包括公司资源和流程的重组，以及影响组织决策制定的价值观，并强调这种能力被公司战略意愿所掌控。有的学者基于创新的内容或者创新涉及的要素的视角来界定企业创新能力，并且将其分成狭义的创新能力和广义的创新能力，狭义的创新能力指技术创新能力，广义的创新能力不仅包括了技术创新能力，而且包括了企业战略创新能力、组织创新能力、技术创新能力、市场创新能力等非技术的创新能力。王一鸣等在其研究中指出创新能力由学习能力、选择能力、研发能力和集成能力四种能力组成，它能够对企业的现有资源进行优化配置，使得资源更好地为研发活动服务；陈力田等认为创新能力有要素能力和架构能力，其中架构能力是用来协调要素能力的能力，而要素能力则包括内外部战略的协调能力、研发能力、营销能力等。本书主要借鉴学者 Lall 的观点，并且结合扎根访谈的范畴维度，定义创新能力是指组织充分吸收和改进现有的技术和实施某种新思想、新工艺或新产品的能力。

5.1.3.2 长期合作意愿

查阅相关文献，长期合作意愿没有准确的定义，仅有杨鹏飞对总包商与分包商的长期合作意愿做了定义，指出长期合作意愿是分包商在未来愿意与总包商继续长期合作的倾向。本书参考合作意愿的含义以及扎根理论访谈和编码的结果，认为长期合作意愿作为一种意识倾向是相对稳定的，不是一时的想法与冲动，是以长期承诺与共同愿景作为基础希望合作的意识倾向与价值取向。

5.1.3.3　学习能力

由于学者们研究视角的差异，企业学习能力的内涵也有所不同，因此目前学术界没有对企业学习能力提出统一和权威的定义。有的学者基于适应环境的视角来定义，David 认为学习能力是指组织内部各成员基于组织所处的环境以及组织内部运作、组织目标等，对信息及时认知、全面把握、迅速传递、达成共识，并做出正确、快速的调整，促进组织更好地发展的能力，是组织在知识经济时代拥有的比竞争对手学习得更快的自创未来的能力；李勖认为组织学习能力本质上是企业对变化环境的适应过程，学习能力影响着组织的生存能力；阎大颖等认为企业的学习能力是企业通过调整自己的内在结构以适应变化着的外部环境的能力。有的学者基于创新的视角来定义，Yeung 认为组织学习能力指企业产生具有影响力的思想，并利用多种管理方法、跨越多种边界传播这种思想的能力；Cepeda 认为企业学习能力是组织通过学习、创新、知识开发与传递提升其动态能力，并强调了组织学习的结果；有学者认为企业的学习能力和外部开放对象相互影响，企业选择开放对象不能忽略自身的学习能力，同时企业在和开放对象合作的过程中通过示范效应、竞争效应和关联效应等途径提升学习能力。有的学者基于知识传播的视角来定义，Gherardi 认为组织的学习能力是组织吸收、转化新知识，并把该知识应用到新产品开发中的能力，以取得竞争优势和较高的生产效率；牛继舜认为组织学习能力是组织在整合个人学习能力的基础上形成的学习能力，表现为组织作为学习主体获取、传播、共享和转化知识的能力；陈国权认为组织学习能力是组织成员作为一个整体不断获取知识、改善自身行为和优化组织体系，使组织在不断变化的内外环境中保持可持续生存与健康和谐发展的能力。本书认同从知识传播的视角对组织学习能力的概念界定，认为学习能力是指企业能够识别、吸收、内化合作伙伴的知识并最终运用这些知识产生绩效的一种能力。

5.1.3.4　文化相容性

企业间的相容性突出表现为企业文化的相容性。企业文化指企业大部分成员所拥有的共同意识、价值观念、职业道德、行为规范和准则等，是一个企业或一个组织在自身发展过程中逐渐形成的独特的文化。Lewis 在研究战略联盟各成员的相容性时，将其归结为企业文化、决策模式和关键价值观的匹配性。曹爱军认为文化相容性指合作伙伴与决策者在企业战略、管理体制和文化价值观念上的一致或者相容程度，影响联盟绩效。惠智微在其论文中将文化相容性界定为合作双方在企业文化或者价值观方面的互相包容性和趋同性，是双方合作能否成功进行的保证。本书根据扎根理论访谈和编码得出的结果，直接借用惠智微的文化相容性的概念，认为文化相容性是指合作双方在企业文化或者价值观方面的互相包容性和趋同性。

5.1.3.5 关系能力

根据扎根理论访谈和编码得出的结果分析，项目合作伙伴模式下的关系能力与战略的合作伙伴关系能力概念一致，因此沿用前面论述的概念界定，这里不再赘述。

5.1.3.6 战略合作伙伴模式下的项目绩效

学者 Crespin 认为项目合作伙伴模式是通向长期战略合作伙伴模式的第一步。Cheng 和 Li 指出工程项目合作过程的三阶段为形成阶段、应用阶段与完成阶段。而完成当前项目后与同一个承包商又开始下一个新的项目的三阶段合作过程则就形成了战略合作伙伴模式。在建设行业实践中，战略伙伴合作很难一蹴而就，单项目合作伙伴模式是战略合作伙伴模式的基石。战略合作伙伴模式是基于业主与承包商长久型与多项目的合作模式，并且通常只在业主与承包商有过一次或多次成功合作经验之后才会出现。由此可见，业主与承包商的战略合作绩效的成功实现是通过双方单项目合作绩效成功实现而逐渐形成的，即战略合作伙伴模式下的项目绩效维度与项目合作伙伴模式下的维度是一致的，区别在于这两种不同类型的合作伙伴模式下业主与承包商对项目绩效子维度关注的程度不同。因此本书仍从合作目标实现、赢利能力提高、合作满意度和关系持续性4个维度评价项目绩效，共设11个题项。

5.2 战略合作伙伴模式下关键合作因素对项目绩效影响的实证分析

5.2.1 关键合作因素对项目绩效影响的研究假设

5.2.1.1 创新能力与项目绩效

企业学习新的技术、启动新的业务、适应市场变化，开拓新的市场等都具有积极作用，将显著提高企业的绩效产出。李东和罗倩通过研究合作创新产出是否具备市场价值、能否提高公司赢利能力进行分析，发现合作创新活动中非完全共同利益联盟的控制权配置通过为企业创造更大的获取空间来提高企业的赢利能力。企业掌握新知识、信息和技术，可促进其产生新的创意和想法，更了解生产技术、产品或服务，促进员工将好的想法加以实践并运用到企业生产过程中从而提高绩效。企业在工作中或产品生产过程中通过开发、利用和实施各种新想法和新方法等一系列创新行为，有助于企业在动态的市场竞争环境中快速实现产品或服务创新。吴晓云等基于企业能力理论提出企业在价值网络中的技术知识与市场整合能力影响企业的绩效。王睿通过构建结构方程模型验证了双元性创新对合作联盟绩效具有直接效应。李佳宾指出基于员工搜索新技术、新方法和新的产品思维和员工经常能获得所需的资金以实施他们的新想法的员工创新行为对创新绩效产生了积极的作用。基于以上分析，提出假设：

(1) H1，承包商创新能力越强，项目绩效越好；

(2) H11，创新能力对合作目标实现具有正向作用；

(3) H12，创新能力对赢利能力提高具有正向作用；

(4) H13，创新能力对合作满意度具有正向作用；

(5) H14，创新能力对关系持续性具有正向作用。

5.2.1.2　长期合作意愿与项目绩效

长期合作意愿是一种比较稳定的意识倾向或行为取向，是在一定的合作的愿望和要求支配下愿意与人合作的意识倾向。合作伙伴之间希望长期合作，会以积极主动的态度投入到合作中去，相互之间协调和沟通，达到相互理解和尊重，达到心理相容，从而自觉自愿采取的一致行动，增强企业间合作关系质量，维持合作的稳定性，促进社会资本中所蕴含的信任、规范等变量在企业中深层次的开展，有效地改善员工行为，提高工作效率。罗力认为长期关系承诺使得合作伙伴追求长期利益，不会为短期的利诱所动，可以减少合作方之间因关系中的不确定性因素造成的猜测，防卫甚至机会主义行为所带来的损失，从而为合作的持续性提供了保障。李林蔚等通过对 205 家联盟企业的双源数据分析证实，共同愿景能够正向调节知识获取与知识应用、知识内化之间的关系，有利于促进联盟成员企业长期共同发展。Ozdem 在研究高等教育机构合作时发现，企业的共同愿景通过提升企业的战略决策质量来提高市场绩效，因而大部分机构合作时在制定组织战略决策时都会融入共同愿景。基于以上分析，提出假设：

(1) H2，承包商长期合作意愿越强，项目绩效越好；

(2) H21，长期合作意愿对合作目标实现具有正向作用；

(3) H22，长期合作意愿对赢利能力提高具有正向作用；

(4) H23，长期合作意愿对合作满意度具有正向作用；

(5) H24，长期合作意愿对关系持续性具有正向作用。

5.2.1.3　学习能力与项目绩效

学习能力是指企业能够识别、吸收、内化合作伙伴的知识并最终运用这些知识产生绩效的一种能力。合作伙伴拥有不同的知识背景，具有学习能力能够使合作者在联盟成立的时候获得本身所欠缺的技能，可实现合作双方的优势及资源互补，从而有利于提升合作绩效。李明斐实证分析指出学习型组织对企业绩效具有正向影响作用。王铁男指出组织的学习能力反映了组织在学习承诺、分享愿景和开放心智上的程度，这种程度越高，企业从外界吸收的知识就越多，企业越能适应甚至预测环境的变化。企业具有较强学习能力在面对复杂的外部环境时总能使内部或员工对新信息的理解达成一致，从而有利于企业更有效地实施方案。梁子婧基于文献梳理指出供应链的探索性学习与利用性学习的双元性学习能力对于供应链运营绩效的正相关关系。许芳探讨了组织学习对服务供应链动态能力的形成的作用机理及其对合作绩效的影响，指出在重视组织学习的企业文化背景下，浓厚的学习氛围能够显著促进员工（特别是企业精英）不断超越自我，通过正式和非正式网络努力获取企业所需知识和资源，识别复杂环境中的威胁与机会，改变原有的运营操作能力，增强竞争优势，实现合作目标。基于以上分析，提出假设：

（1）H3，承包商学习能力越强，项目绩效越好；

（2）H31，学习能力对合作目标实现具有正向作用；

（3）H32，学习能力对赢利能力提高具有正向作用；

（4）H33，学习能力对合作满意度具有正向作用；

（5）H34，学习能力对关系持续性具有正向作用。

5.2.1.4 文化相容性与项目绩效

组织间企业文化上的差异，必然导致合作人员在行为规范上存在差异，这种差异性会导致对待同一事物的观点产生分歧，从而影响知识共享的效率。相对较强的企业文化或统一的价值观及原则等可以帮助企业解决很多内部管理问题，同时也造成了企业与其他外在客户合作时显示了较强的个性和特征，在面对市场竞争和外部环境冲突时是一把双刃剑，如果寻求合作顺利，双方的企业文化需有一定的互补包容性或者趋同一致性。联盟伙伴的战略和文化处于高度一致性时，合作关系成功的机会很大，当联盟伙伴间在战略和文化上的一致性偏低时，合作关系成功的机会很小。Stafford 认为在长期的合作关系中，合作成员之间企业文化的相似相容也是保证高质量合作关系一个必不可少的因素。Stiles 指出在合作过程中企业间文化的相融程度的好坏是决定合作关系成功与否的重要因素。在长期的合作关系中，合作伙伴企业文化的相容性不仅可以有效地减少合作过程中冲突的出现，增加合作关系的强度和持久性，而且也有助于合作双方迅速解决已出现的冲突和矛盾，提高合作关系的灵活性。Hagen 的研究表明，相容性、能力、承诺和控制是选择合作伙伴的重要标准。Panisiri 综合一些学者的研究，分析了战略联盟合作伙伴的特质对联盟绩效的影响，并且将合作伙伴的特征分为相容性、能力、承诺、控制、信任五类。结果表明，上述五个因素对存在周期较长的战略联盟的绩效具有正向的影响，但对于存在周期较短，成员之间关系没有战略联盟成员之间紧密的动态联盟绩效的影响却不显著。基于以上分析，提出假设：

（1）H4，承包商文化相容性越强，项目绩效越好；

（2）H41，文化相容性对合作目标实现具有正向作用；

（3）H42，文化相容性对赢利能力提高具有正向作用；

（4）H43，文化相容性对合作满意度具有正向作用；

（5）H44，文化相容性对关系持续性具有正向作用。

5.2.1.5　关系能力与项目绩效

关系能力对于项目绩效的影响关系，前面已经论述。这里仅仅提出假设：

（1）H5，关系能力对项目绩效具有正向作用；

（2）H51，关系能力对合作目标实现具有正向作用；

（3）H52，关系能力对赢利能力提高具有正向作用；

（4）H53，关系能力对合作满意度具有正向作用；

（5）H54，关系能力对关系持续性具有正向作用。

基于上述分析，本书建立战略合作伙伴模式下业主选择承包商的关键合作因素对项目绩效 4 个子维度影响的理论模型，如图 5-1 所示。

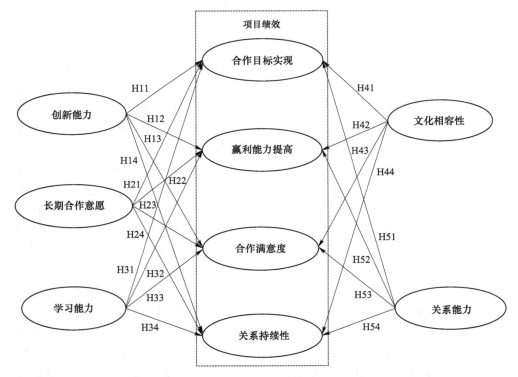

图 5-1　战略合作伙伴模式下关键合作因素对项目绩效影响关系路径图

5.2.2　变量测量

5.2.2.1　关键合作因素测量

由 5.1 节可知扎根理论提炼出的五个主范畴就是战略合作伙伴模式下选择承

包商的五个关键合作因素，对这五个变量的测量可以每个主范畴对应的副范畴为基础，在质性研究的基础上，尽量借鉴国内外文献对相关变量和副范畴的测量题项的研究结果。同时为确保问卷变量内部结构的有效性和可信性，本节先在小范围发放问卷，用预测试问卷的数据做探索性因子分析，并基于分析结果对问卷变量进行调整和修正。然后，再大规模发放问卷做验证性因子分析。

A 预测试问卷设计

在正式发放问卷前，又对 4 位高校的专家与多位建筑企业高层管理人员进行访谈对问卷内容与测量题项进行了完善和补充，对语言表达进行了检查与修改，将题项修改成尽量让被试者理解并且与研究内容相对应的测量问项。战略合作伙伴模式下承包商选择的关键合作因素参考量表见表 5-5。经过上述修正过程形成初始问卷，问卷内容包括三部分。

（1）主要收集被调查者所在的企业和被调查者的个人信息，用于验证数据的信度与效度。主要内容包括从事建筑业的年限、受教育的层次、工作单位的性质、参与过建筑项目合作模式的情况。

（2）主要介绍战略合作伙伴模式定义以及一些注释，希望业主与承包商对于战略合作伙伴模式内涵有深入的理论理解，以保证问卷的信度与效度。

（3）针对战略合作伙伴模式下选择承包商的五个关键合作因素，要求被调查者对其反映影响程度给出评估分值。问卷使用 5 分制李克特量表对被调查者在特定因素上的意见进行量化。其中，"1"代表非常不重要或强烈不同意；"2"代表不重要或不同意；"3"代表一般或中立；"4"代表同意或重要；"5"代表强烈同意或非常重要。

表 5-5 战略合作伙伴模式下承包商选择的关键合作因素参考量表

变量	题项	文献基础
创新能力	V1：合作伙伴是行业中具变革精神的企业 V2：团队能使用先进技术来实现创新性想法 V3：新事物接受适应能力 V4：变化的连续反应能力	Wei T C（2007） Eddle W（2000） Tero.L，（2004）
长期合作意愿	V5：高层认为实施合作是一项战略 V6：合作伙伴目标在企业层面和项目层面均保持一致 V7：伙伴关系建立在长期约束基础之上 V8：双方所做的承诺对自己有约束力 V9：合作伙伴协议对自己有约束 V10：伙伴之间战略合作规划的意见一致 V11：合作伙伴一直保持所做的承诺 V12：合作伙伴充分表达自己的想法 V13：风险与利益公平共享	Eddle W（2000） Beach R，（2005） ChanA P C（2004） Köksal E（2007） 杨鹏飞（2016） Wei T C（2007） Black C，（2000）

变量	题项	文献基础
学习能力	V14：双方能够不断学习领会与降低重复 V15：双方能够不断删除阻碍改善的浪费 V16：组织内部获取知识，技术能力的习惯 V17：企业鼓励员工学习并积极讨论 V18：企业积极寻找改革的理念思想 V19：企业听取不同意见的民主作风和包容性 V20：团队成员得到成长和发展 V21：项目管理稳定关键人员流动较少	Black C，（2000） Köksal E（2007） Gherardi（1997） Wei T C（2007） 扎根理论
文化相容性	V22：信息资源在本项目内自由流动 V23：组织内不存在交流方面的抱怨 V24：合作双方之间文化和管理风格相似 V25：合作伙伴接受彼此的经营理念，相互支持彼此的企业目标	Chan A P C（2004） Köksal E（2007） 惠智微（2011） Wei T C（2007）
关系能力	V26：充分相信伙伴决定 V27：双方关系融洽程度 V28：认为团队成员可靠 V29：理解合作目标与责任 V30：合作理念顺利实施 V31：合作伙伴理解并且能解释组织使命	Chan A P C（2004） Köksal E（2007） Chen W T（2007） 扎根理论

B　数据收集

数据的收集选择沈阳、大连两地作为问卷的发放地，调查对象主要是具有建设工程战略的合作伙伴模式经验的多家大中型企业总经理或对企业整体有一定了解的副总经理和项目部门负责人。本次共发放问卷 200 份，回收 134 份，总回收率为 67%，剔除无效的及没有建筑工程战略合作经验的问卷 15 份，有效问卷 119 份，有效回收率达 59.5%。样本情况分布见表 5-6。

表 5-6　样本情况分布

内容	所占比例	内容	所占比例
单位职能	业主 45.4%	学历	专科及以下 20.2%
	主承包商 54.6%		本科 64.7%
			硕士及以上 15.1%
职位	总经理 12.6%	企业性质	国企 31.1%
	副总经理（总工程师）24.4%		民营企业 24.4%
	项目经理（工程师）52.1%		国企改制的股份公司 34.4%
	其他 10.9%		外资企业或其他 10.1%

续表 5-6

内容	所占比例	内容	所占比例
工作年限	5~10 年 10.1%	合作经验	目前没有长期的战略合作伙伴但是具有战略合作的经验 14.3%
	10~15 年 40.3%		1 个长期战略合作伙伴 36.1%
	15 年以上 49.6%		2 个长期战略合作伙伴 21.9%
			2 个以上长期战略合作伙伴 27.7%

C　题项分析

采用 CITC 法和信度系数法净化量表的测量题项，量表的 CITC 和信度分析见表 5-7。从表 5-7 可知，创新能力量表的信度系数为 0.812，符合大于 0.7 的标准，每个题项的项目-总相关性系数（CITC）都大于 0.35，并且删除该项后的 Cronbach's α 值都小于 0.812，创新能力量表通过了 CITC 及信度检验。长期合作意愿量表的 CITC 检验中题项 V12 的 CITC 值 0.261，小于 0.35，并且删除该测量题项后 Cronbach's α 值由 0.723 提高到 0.791，长期合作意愿量表删除题项 V12。学习能力量表的 CITC 检验中题项 V21 的 CITC 值 0.177，小于 0.35，并且删除该测量题项后 Cronbach's α 值由 0.747 提高到 0.788，学习能力量表删除题项 V21。文化相容性量表的信度系数为 0.832，符合大于 0.7 的标准，每个题项的 CITC 值都大于 0.35，并且删除该项后的 Cronbach's α 值都小于 0.832，文化相容性量表通过了 CITC 及信度检验。关系能力量表的 CITC 检验中题项 V31 的 CITC 值 0.227，小于 0.35，并且删除该测量题项后 Cronbach's α 值由 0.755 提高到 0.847，关系能力量表删除题项 V31。

表 5-7　量表的 CITC 和信度分析

变量	测量题项	初始 CITC	最终 CITC	删除该题项的 α 值	Cronbach's α 值
创新能力	V1	0.611	0.620	0.721	Cronbach's α = 0.812
	V2	0.672	0.667	0.723	
	V3	0.581	0.718	0.798	
	V4	0.612	0.655	0.702	
长期合作意愿	V5	0.709	0.733	0.774	初始 Cronbach's α = 0.723 最终 Cronbach's α = 0.791
	V6	0.690	0.693	0.786	
	V7	0.663	0.679	0.784	
	V8	0.509	0.702	0.712	
	V9	0.566	0.559	0.742	
	V10	0.697	0.761	0.723	

变量	测量题项	初始 CITC	最终 CITC	删除该题项的 α 值	Cronbach's α 值
长期合作意愿	V11	0.701	0.710	0.740	初始 Cronbach's α = 0.723 最终 Cronbach's α = 0.791
	V12	0.261	删除	—	
	V13	0.567	0.573	0.768	
学习能力	V14	0.611	0.623	0.703	初始 Cronbach's α = 0.747 最终 Cronbach's α = 0.788
	V15	0.493	0.501	0.711	
	V16	0.581	0.570	0.776	
	V17	0.677	0.702	0.737	
	V18	0.721	0.757	0.750	
	V19	0.640	0.692	0.759	
	V20	0.501	0.534	0.768	
	V21	0.177	删除	—	
文化相容性	V22	0.599	0.702	0.757	Cronbach's α = 0.832
	V23	0.669	0.698	0.800	
	V24	0.657	0.700	0.776	
	V25	0.502	0.583	0.773	
关系能力	V26	0.495	0.502	0.801	初始 Cronbach's α = 0.755 最终 Cronbach's α = 0.847
	V27	0.608	0.613	0.844	
	V28	0.668	0.742	0.810	
	V29	0.476	0.459	0.818	
	V30	0.660	0.665	0.813	
	V31	0.227	删除	—	

利用 SPSS17.0 软件采用主成分分析法对样本数据进行 KMO 统计量和 Bartlett 球形检验。结果见表 5-8，样本检测 KMO 统计量结果为 0.732，大于 0.5 的标准，表示适合进行因子分析；Bartlett 球形检验的卡方统计量为 374.231，自由度为 287，显著水平 $P = 0.000$，代表总体的相关矩阵间有共同因子存在，适合进行因子分析。

表 5-8 KMO 统计量和 Bartlett 球形检验

样本充足度-KMO 统计量		0.732
Bartlett 球形检验	卡方统计量	374.231
	自由度	287
	显著性水平	0.000

D 探索性因子分析

采用主成分分析法提取特征值大于 1 的题项，共得到 6 个因子，累计方差贡献率为 70.078%，第一次方差综合解释见表 5-9。用最大变异法进行共同因素正交旋转后的因子提取结果见表 5-10。

表 5-9 第一次方差综合解释

成分	初始特征值			因子贡献（旋转后）		
	合计	贡献率/%	累积贡献率/%	合计	贡献率/%	累积贡献率/%
1	14.847	38.930	38.930	4.819	16.639	16.639
2	4.775	11.757	50.687	3.957	13.747	30.386
3	3.003	6.571	57.258	2.668	11.312	41.698
4	2.324	5.587	62.845	2.278	10.564	52.262
5	1.472	3.986	66.831	1.874	9.659	61.921
6	1.102	3.247	70.078	1.653	8.157	70.078

表 5-10 最大变异法进行共同因素正交旋转后的因子提取结果

题项	因子 1	因子 2	因子 3	因子 4	因子 5	因子 6
V1	0.778					
V2	0.746					
V18	0.729					
V3	0.702					
V4	0.634					
V5		0.810				
V9		0.775				
V13		0.731				
V6		0.623				
V10		0.620				
V11		0.577				
V15		0.559	0.632			
V7		0.432				
V16			0.872			
V20			0.811			
V14			0.786			
V17			0.710			

续表 5-10

题项	因子1	因子2	因子3	因子4	因子5	因子6
V22			0.461			
V24				0.801		
V25				0.753		
V19				0.697		
V23				0.630		
V30					0.652	
V29					0.600	
V28					0.557	
V27					0.421	
V26						0.744
V8						0.652

从旋转因子分析结果中可以看出，V7、V22 和 V27 这 3 个题项在所有因子上的负载均小于 0.5，该 3 个题项与其他题项都不收敛，应予删除。V15 题项具有双重负载，也应以剔除。此次因子分析删除 V7、V22、V27 和 V15 这 4 个题项后，整个因素结构会改变，应对其进行第二次因子分析。

在删除题项 V7、V22、V27 和 V15 后再次进行分析，题项 V4 和 V8 因子负荷值小于 0.5，删除上述 2 个题项，进行第三次因子分析。第三次方差综合解释见表 5-11，旋转后的因子提取结果见表 5-12。

表 5-11　第三次方差综合解释

成分	初始特征值			因子贡献（旋转后）		
	合计	贡献率/%	累积贡献率/%	合计	贡献率/%	累积贡献率/%
1	7.181	35.769	35.769	4.971	20.212	20.212
2	3.523	15.603	51.372	3.277	16.393	36.605
3	2.319	10.218	61.590	2.836	15.687	52.292
4	1.682	7.312	68.902	1.927	12.349	64.641
5	1.205	6.000	74.902	1.379	10.265	74.902

表 5-12　旋转后的因子提取结果

题项	因子1	因子2	因子3	因子4	因子5
V1	0.792				
V2	0.732				
V18	0.751				

续表 5-12

题项	因子 1	因子 2	因子 3	因子 4	因子 5
V3	0.734				
V5		0.887			
V13		0.845			
V11		0.791			
V6		0.772			
V10		0.770			
V9		0.683			
V16			0.832		
V20			0.792		
V14			0.753		
V17			0.712		
V24				0.803	
V25				0.801	
V19				0.798	
V23				0.694	
V30					0.774
V29					0.738
V28					0.698
V26					0.661

由表 5-12 可知，通过三次主成分分析后，每个因素负荷量均大于 0.5，无须再删除，所有题项均达到标准。考虑到题项 V10"伙伴之间的战略合作规划意见一致"可以由题项 V6"合作各方的目标体系在企业层面与项目层面均保持一致"来体现，因此，将题项 V10 去掉。通过探索性因子分析最终结果共提炼 5 个共同因子、21 个问卷题项，其中因子 1 包括 4 个题项 V1、V2、V18 和 V3；因子 2 包含 5 个题项 V5、V13、V11、V6 和 V9；因子 3 包括 4 个题项 V16、V20、V14 和 V17；因子 4 包括 4 个题项 V24、V25、V19 和 V23；因子 5 包括 4 个题项 V30、V29、V28 和 V26。量表修正后的内部一致性分析结果见表 5-13。

表 5-13 内部一致性分析

变量	题项	Cronbach's α 值
因子 1	4	0.759
因子 2	5	0.771

变量	题项	Cronbach's α 值
因子 3	4	0.784
因子 4	4	0.803
因子 5	4	0.752

针对预调研得到的相关数据，通过多种统计分析方法将战略合作伙伴模式下承包商选择的五个关键合作因素要素创新能力、长期合作意愿、学习能力、文化相容性和关系能力的测量题项进行了净化。从最终分析结果可知，特征值大于 1 的共 5 个，且累计解释变异量为 74.902%，说明结构效度符合要求，印证了扎根理论得出的战略合作伙伴模式下承包商选择的五个关键合作因素结构维度，最终的问卷见附录 D。在此基础上，进行大样本数据的收集并进行验证性因子分析。

5.2.2.2　战略合作伙伴模式下项目绩效的测量

如前所述，战略合作伙伴模式下业主与承包商建立长期合作关系，项目绩效的成功实现是通过双方单项目合作绩效成功实现而逐渐形成的，即战略合作伙伴模式下的项目绩效维度与项目合作伙伴模式下的维度是一致的，区别在于这两种不同类型的合作伙伴模式下业主与承包商对项目绩效子维度关注的程度不同。因此本节仍从合作目标实现、赢利能力提高、合作满意度和关系持续性四个维度评价项目绩效，共设 11 个题项。

5.2.2.3　验证性因子分析

A　数据收集

本次调查问卷共发放调查问卷 300 份，回收 233 份，回收率为 77.7%，剔除无效的及没有建筑工程战略合作经验的问卷，有效问卷 204 份，有效率为68.0%，样本情况分布见表 5-14。

表 5-14　样本情况分布

内容	所占比例		内容	所占比例	
单位职能	业主 44.6%		学历	专科及以下 25.5%	
	主承包商 55.4%			本科 58.8%	
				硕士及以上 15.7%	
职位	总经理 17.6%		企业性质	国企 23.5%	
	副总经理（总工程师）24.5%			民营企业 28.9%	
	项目经理（工程师）44.6%			国企改制的股份公司 37.7%	
	其他 13.3%			外资企业或其他 9.9%	

续表 5-14

内容	所占比例	内容	所占比例
工作年限	5~10 年 12.3%	合作经验	目前没有长期的战略合作伙伴但是具有战略合作的经验 16.7%
	10~15 年 44.1%		1 个长期战略合作伙伴 40.7%
	15 年以上 43.6%		2 个长期战略合作伙伴 23.0%
			2 个以上长期战略合作伙伴 19.6%

B 信度分析

战略合作伙伴模式下的创新能力、长期合作意愿、学习能力、文化相容性和关系能力五个变量测量的信度分析结果见表 5-15。研究结果显示因子的 Cronbach's α 值为 0.775~0.820，均大于 0.7，通过信度检验。说明各个公因子的测度指标体系具有较好的内部一致性和稳定性，因此采用设计的量表可以对潜变量进行可靠的测量。

表 5-15　变量测量的信度分析结果

变量	题项	Cronbach's α 值
创新能力	4	0.812
长期合作意愿	5	0.797
学习能力	4	0.814
文化相容性	4	0.820
关系能力	4	0.775

C 效度分析

战略合作伙伴模式下的创新能力、长期合作意愿、学习能力、文化相容性和关系能力五个因子的验证性因子分析结果见表 5-16 和表 5-17。结果显示各测量题项在潜变量的标准因子载荷均为 0.662~0.827，超过 0.5 最低要求，并且在 $P<0.01$ 的水平上显著，均满足收敛效度的要求；从 AVE 值看，所有潜变量的 AVE 值为 0.671~0.745，超过了 0.5 的标准，测量模型的收敛效度较好。

表 5-16　效度检验结果

潜变量	测量题项	标准化载荷	T 值	AVE
创新能力	V1	0.693	—	0.690
	V2	0.703	16.238***	
	V3	0.822	15.377***	
	V18	0.687	16.013***	

续表 5-16

潜变量	测量题项	标准化载荷	T 值	AVE
长期合作意愿	V5	0.729	—	0.745
	V6	0.808	18.138***	
	V9	0.801	19.023***	
	V11	0.805	16.949***	
	V13	0.757	17.675***	
学习能力	V14	0.683	—	0.733
	V16	0.827	6.675***	
	V17	0.804	7.496***	
	V20	0.806	7.614***	
文化相容性	V19	0.717	—	0.727
	V23	0.743	10.101***	
	V24	0.735	10.178***	
	V25	0.712	9.678***	
关系能力	V26	0.662	—	0.671
	V28	0.764	9.081***	
	V29	0.709	8.978***	
	V30	0.733	8.969***	

表 5-17　被测变量的 AVE，相关系数和共同方差结果

潜变量	创新能力	合作意愿	学习能力	文化相容性	关系能力
创新能力	0.690	0.317***	0.413***	0.355***	0.436***
长期合作意愿	0.181	0.745	0.445***	0.337***	0.398***
学习能力	0.147	0.168	0.733	0.523***	0.453***
文化相容性	0.172	0.109	0.208	0.727	0.334***
关系能力	0.190	0.137	0.141	0.176	0.671

注：表中对角线上的数值为平均析出方差（AVE），对角线右上方的数值为各潜变量的相关系数，对角线左下方的数值为各潜变量与其他潜变量的共同方差。

采用计算测量指标相关矩阵以及各个潜变量的平均析出方差与该潜变量与其他潜变量的共同方差对比的方法来检验潜变量各测量模型的判别效度。表 5-17 结果表明，测量模型中各潜变量 AVE 值均大于各个潜变量间的相关系数的均方差，说明维度间的相关性小于维度内指标相关性，同时也都大于 0.5，说明各个变量之间有良好的判别效度。

5.2.3 关键合作因素对项目绩效影响的假设检验

5.2.3.1 初始模型分析

根据 5.2.2 节理论假设模型，将表 5-16 各潜变量及测量题项代入图 5-1 中的结构方程。运行 AMOS5.0 软件，基于极大似然估计的方法来计算模型拟合指标和各路径系数的估计值，SEM 的实证参数见表 5-18。

表 5-18 SEM 的实证参数

项目	非标准化估计值	S. E.（标准误）	C. R.（组成信度）	P	标准化路径系数
创新能力→合作目标实现	0.372	0.106	0.698	0.364	0.385
创新能力→赢利能力提高	0.146	0.075	5.952	＊＊＊	0.266
创新能力→合作满意度	0.257	0.198	1.168	0.444	0.221
创新能力→关系持续性	0.423	0.072	0.431	0.234	0.356
长期合作意愿→合作目标实现	0.301	0.093	11.161	＊＊＊	0.318
长期合作意愿→赢利能力提高	0.288	0.078	4.013	0.033	0.292
长期合作意愿→合作满意度	0.313	0.071	0.701	0.269	0.314
长期合作意愿→关系持续性	0.516	0.127	4.065	＊＊＊	0.611
学习能力→合作目标实现	0.316	0.082	3.869	＊＊＊	0.364
学习能力→赢利能力提高	0.403	0.100	8.025	＊＊＊	0.517
学习能力→合作满意度	0.155	0.092	1.054	0.138	0.147
学习能力→关系持续性	0.322	0.107	1.019	0.215	0.306
文化相容性→合作目标实现	0.039	0.070	0.135	0.524	0.037
文化相容性→赢利能力提高	0.173	0.047	1.072	0.540	0.197
文化相容性→合作满意度	0.119	0.026	10.596		0.245
文化相容性→关系持续性	0.421	0.067	4.323	＊＊＊	0.389
关系能力→合作目标实现	0.234	0.052	7.641	＊＊＊	0.251
关系能力→赢利能力提高	0.297	0.189	0.645	0.335	0.311
关系能力→合作满意度	0.337	0.206	3.991	0.019	0.415
关系能力→关系持续性	0.310	0.248	5.895	＊＊＊	0.372

$x^2 = 1024.042$，$df = 328$，$x^2/df = 3.122 > 3$　$P = 0.016 < 0.05$，$GFI = 0.561$，$AGFI = 0.496$，$NFI = 0.339$，$CFI = 0.483$，$RMSEA = 0.092$

表 5-18 结果表明，理论模型的 x^2 所对应的 P 值小于要求的 0.05，拟合度不好，其他的适配度指标 $GFI = 0.561$，$AGFI = 0.496$，$NFI = 0.339$，$CFI = 0.483$，$RMSEA = 0.092$，根据模型拟合指数标准，各项指数均不满足要求，表明初始模型拟合非常不好，模型需要修正。

5.2.3.2　模型修正

根据修正指数（MI）结果对残差项建立共变关系进行模型修正。模型修正指数结果见表 5-19。由于该表数据较多，仅截取部分指标。表 5-19 表明，e3↔e11 间修正值为 11.708，期望参数改变值为 0.359 均为最高，因此首先需要修正该残差值，在 e3↔e11 之间建立共变关系，对模型参数进行重新估计，模型第一次修正的实证参数见表 5-20。从绝对拟合指标来看，x^2 值为 871.403，$x^2/df = 3.057 > 3$，但比初始模型值有所下降，表明拟合效果提升；$RMSEA = 0.083$，比初始模型值有所降低，但是远远大于经验值 0.05；GFI 的值为 0.557，比初始模型值略微降低，$AGFI$ 的值为 0.663，比初始模型值有所提高，但还都远远小于 0.9。从相对拟合指标来看，$NFI = 0.515$，$CFI = 0.606$，虽然小于经验值 0.9，但也比初始模型值有所提高。上述结果表明经第一次模型修正后拟合指数都得到了改善，模型的拟合度有所提升，但与拟合指数的理想参考值相比仍存在一些差距，模型还需进一步完善。

表 5-19　模型修正指数结果

关系	MI	期望参数改变值
e3↔e11	11.708	0.359
e1↔e12	10.114	0.303
e2↔e4	9.481	0.257
⋮	⋮	⋮
e6↔e25	4.387	0.179
e14↔e29	4.124	0.081

表 5-20　模型第一次修正的实证参数

项目	非标准化 估计值	S. E. （标准误）	C. R. （组成信度）	P	标准化路径 系数
创新能力→合作目标实现	0.393	0.135	0.534	0.248	0.396
创新能力→赢利能力提高	0.216	0.107	3.021	＊＊＊	0.264
创新能力→合作满意度	0.285	0.152	1.235	0.362	0.339

续表 5-20

项目	非标准化 估计值	S. E. （标准误）	C. R. （组成信度）	P	标准化路径 系数
创新能力→关系持续性	0.516	0.171	0.749	0.216	0.447
长期合作意愿→合作目标实现	0.336	0.094	8.165	＊＊＊	0.257
长期合作意愿→赢利能力提高	0.201	0.083	3.292	0.031	0.176
长期合作意愿→合作满意度	0.366	0.054	0.446	0.185	0.348
长期合作意愿→关系持续性	0.493	0.091	7.839	＊＊＊	0.505
学习能力→合作目标实现	0.377	0.076	9.673	＊＊＊	0.409
学习能力→赢利能力提高	0.469	0.115	2.888	＊＊＊	0.401
学习能力→合作满意度	0.164	0.124	0.514	0.134	0.169
学习能力→关系持续性	0.313	0.126	0.870	0.164	0.364
文化相容性→合作目标实现	0.399	0.098	4.818	0.553	0.415
文化相容性→赢利能力提高	0.195	0.097	0.753	0.454	0.206
文化相容性→合作满意度	0.252	0.098	10.006	＊＊＊	0.247
文化相容性→关系持续性	0.490	0.135	5.666	＊＊＊	0.479
关系能力→合作目标实现	0.365	0.123	7.672	＊＊＊	0.341
关系能力→赢利能力提高	0.311	0.104	0.777	0.256	0.380
关系能力→合作满意度	0.342	0.099	8.783	0.012	0.405
关系能力→关系持续性	0.488	0.164	9.145	＊＊＊	0.487

$x^2 = 871.403$，$df = 285$，$x^2/df = 3.057 > 3$，$GFI = 0.557$，$AGFI = 0.663$，$NFI = 0.515$，$CFI = 0.606$，$RMSEA = 0.083$

结合理论分析根据修正指数依次对模型进行修正，每修正一次需要重新进行模型运算，根据新的结果重复此步骤。按照上述步骤模型共经过 4 次修正后，最终修正模型实证参数见表 5-21。最终模型标准化路径系数关系图如图 5-2 所示。表 5-21 表明 $x^2/df = 1.705$ 小于 2，$AGFI$、NFI 和 CFI 指标均有所提高，大于经验值 0.9，GFI 为 0.847 略低于 0.9；$RMSEA = 0.032$，小于经验值 0.5，模型与观察数据拟合较好。尽管还存在一些可修正指标，但为使模型尽量与原假设模型保持一致，避免参数修正过多而失去实质意义，因此将此模型作为最终模型。

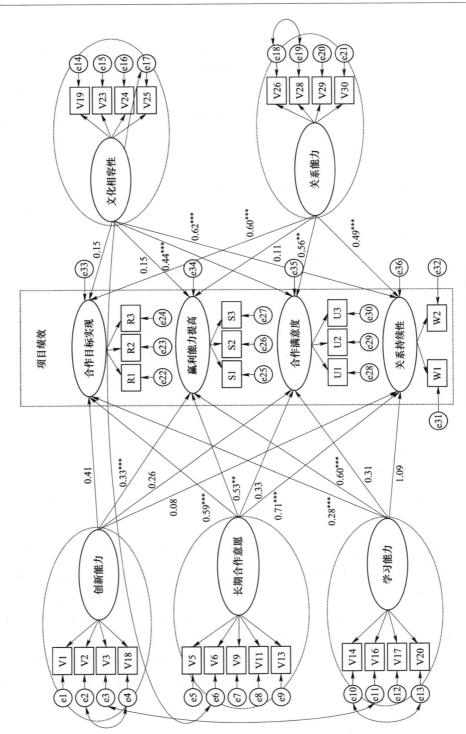

图 5-2　最终模型标准化路径系数关系图

表 5-21 最终修正模型实证参数

项目	非标准化估计值	S. E.（标准误）	C. R.（组成信度）	P	标准化路径系数
创新能力→合作目标实现	0.373	0.144	0.151	0.880	0.408
创新能力→赢利能力提高	0.311	0.098	8.308	* * *	0.333
创新能力→合作满意度	0.221	0.389	1.762	0.481	0.275
创新能力→关系持续性	0.079	0.204	0.394	0.294	0.080
长期合作意愿→合作目标实现	0.536	0.110	7.538	* * *	0.588
长期合作意愿→赢利能力提高	0.497	0.055	8.049	* *	0.531
长期合作意愿→合作满意度	0.278	0.193	1.720	0.085	0.334
长期合作意愿→关系持续性	0.661	0.040	7.651	* * *	0.707
学习能力→合作目标实现	0.264	0.047	7.663	* * *	0.276
学习能力→赢利能力提高	0.559	0.115	9.672	* * *	0.603
学习能力→合作满意度	0.377	0.935	1.385	0.166	0.311
学习能力→关系持续性	0.772	0.865	1.259	0.208	1.089
文化相容性→合作目标实现	0.292	0.163	0.941	0.347	0.153
文化相容性→赢利能力提高	0.139	0.087	1.680	0.093	0.145
文化相容性→合作满意度	0.424	0.090	3.371	* * *	0.443
文化相容性→关系持续性	0.613	0.129	3.688	* * *	0.621
关系能力→合作目标实现	0.570	0.059	3.610	* * *	0.600
关系能力→赢利能力提高	0.232	0.019	0.319	0.750	0.106
关系能力→合作满意度	0.446	0.83	6.946	* *	0.557
关系能力→关系持续性	0.477	0.038	4.819	* * *	0.492

$x^2 = 206.374$，$df = 121$，$x^2/df = 1.705 < 2$，$GFI = 0.847$，$AGFI = 0.912$，$NFI = 0.943$，$CFI = 0.914$，$RMSEA = 0.032$

5.2.3.3 假设检验结果分析

本节采用验证性因子分析及结构方程建模分析方法对战略合作伙伴模式下选择承包商的五个关键合作因素与项目绩效影响关系的理论假设进行了实证研究，理论假设验证结果汇总见表 5-22。

表 5-22 理论假设验证结果汇总

序号	假设内容	验证结果
H1	创新能力对项目绩效具有正向作用	支持
H11	创新能力对合作目标实现具有正向作用	不支持
H12	创新能力对赢利能力提高具有正向作用	支持

序号	假设内容	验证结果
H13	创新能力对合作满意度具有正向作用	不支持
H14	创新能力对关系持续性具有正向作用	不支持
H2	长期合作意愿对项目绩效具有正向作用	支持
H21	长期合作意愿对合作目标实现具有正向作用	支持
H22	长期合作意愿对赢利能力提高具有正向作用	支持
H23	长期合作意愿对合作满意度具有正向作用	不支持
H24	长期合作意愿对关系持续性具有正向作用	支持
H3	学习能力对项目绩效具有正向作用	支持
H31	学习能力对合作目标实现具有正向作用	支持
H32	学习能力对赢利能力提高具有正向作用	支持
H33	学习能力对合作满意度具有正向作用	不支持
H34	学习能力对关系持续性具有正向作用	不支持
H4	文化相容性对项目绩效具有正向作用	支持
H41	文化相容性对合作目标实现具有正向作用	不支持
H42	文化相容性对赢利能力提高具有正向作用	不支持
H43	文化相容性对合作满意度具有正向作用	支持
H44	文化相容性对关系持续性具有正向作用	支持
H5	关系能力对项目绩效具有正向作用	支持
H51	关系能力对合作目标实现具有正向作用	支持
H52	关系能力对赢利能力提高具有正向作用	不支持
H53	关系能力对合作满意度具有正向作用	支持
H54	关系能力对关系持续性具有正向作用	支持

根据表 5-22 可知，假设 H11、H13、H14、H23、H33、H34、H41、H42、H52 被拒绝，其余所有原假设接受。以下结合理论和实践对模型进行具体解释和讨论。

A　H1 创新能力对项目绩效具有正向作用

假设 H1 认为创新能力对项目绩效具有正向作用，创新能力越强，项目绩效越好；创新能力差，则项目绩效差。项目绩效具有四个维度，因此创新能力对项目绩效相关关系研究假设可以扩展为四个子假设，解释如下。

（1）假设 H11 认为创新能力对合作目标实现具有正向作用。此假设没有通过显著性检验，结论不支持。

（2）假设 H12 认为创新能力对赢利能力提高具有正向作用。对应的标准化路径系数为 0.333($P<0.01$)，假设 H12 获得支持。创新能力强意味着企业学习新技术与新知识整合与运用的能力强，可实现项目建设过程中关键技术上突破与创新，能够产出具有独特性的新产品，同时可以提升项目内部的市场竞争地位与核心能力，使企业在激烈的市场竞争环境中保持竞争优势，从而提升合作伙伴的赢利能力。

（3）假设 H13 认为创新能力对合作满意度具有正向作用。此假设没有通过显著性检验，结论不支持。

（4）假设 H14 认为长期合作意愿对关系持续性具有正向作用。此假设没有通过显著性检验，结论不支持。

B H2 长期合作意愿对项目绩效具有正向作用

假设 H2 认为长期合作意愿对项目绩效具有正向作用，长期合作意愿越强，项目绩效越好；长期合作意愿差，则项目绩效差。针对长期合作意愿对项目绩效相关关系研究的四个子假设，解释如下。

（1）假设 H21 认为长期合作意愿对合作目标实现具有正向作用。对应的标准化路径系数为 0.588($P<0.01$)，假设 H21 获得支持。长期承诺与共同愿景会促使合作伙伴建立长期合作伙伴关系，以产生从事自发性努力与投资的意愿，进行知识的分享、专用性资产的投入和营运系统的整合与联结等，并愿意与合作伙伴进行双向沟通以减少分歧，降低工作差错与合作成本，顺利实现合作项目目标。共同愿景会在合作伙伴之间形成一种凝聚力，规范和激发企业行为的连贯性和一致性，减少内部冲突损耗，提高项目绩效。

（2）假设 H22 认为长期合作意愿对赢利能力提高具有正向作用。对应的标准化路径系数为 0.531($P<0.05$)，假设 H22 获得支持。战略合作伙伴模式下业主与承包商之间的关系是非常紧密的合作关系，长期合作意愿强表明双方具有为确保长期的项目成功而愿意从事一切必要工作的工作热情。同时长期合作意愿强也体现在合作伙伴间的长期关系和选择承包商数目的少量化，承包商在设计阶段就可以参与其中，避免了设计与建造之间的分割，保持相互之间操作的一贯性，整合与提升各参与方的设计与建造能力，合作持续时间越长则竞争优势提升越大，促进赢利能力的提高。

（3）假设 H23 认为长期合作意愿对合作满意度具有正向作用。此假设没有通过显著性检验，结论不支持。

（4）假设 H24 认为长期合作意愿对关系持续性具有正向作用。对应的标准化路径系数为 0.707($P<0.01$)，假设 H24 获得支持。长期合作意愿是组织间建立合作关系的前提。合作环境是不断发展变化的，未来充满了不确定性，长期承诺是合作双方在无限变化的世界中求得稳定的一种普遍方式。长期合作意愿可以减少合作方之间因关系中的不确定性因素造成的猜测、迟疑、防卫甚至机会主义

行为所带来的损失，从而为合作的持续性提供了保障。同时在以前的承诺不断兑现的情况下，合作关系就能得以不断强化。随着合作关系的提升，企业之间的关系变得更加紧密，合作双方将表现出对于合作更高的灵活性和包容性，从而使双方在战略、运作以及日常交互等各方面的整合变得更为顺畅。

C H3 学习能力对项目绩效具有正向作用

假设 H3 认为学习能力对项目绩效具有正向作用，学习能力越强，项目绩效越好；学习能力差，则项目绩效差。针对学习能力对项目绩效相关关系研究的四个子假设，解释如下。

（1）假设 H31 认为学习能力对合作目标实现具有正向作用。对应的标准化路径系数为 0.276（$P<0.01$），假设 H31 获得支持。承包商学习能力强能够不断从外部获取新的知识规范与实践技能等，战略合作伙伴模式下业主与承包商拥有良好的组织学习气氛和环境，各种资源在项目内自由流动，伙伴之间可以相互共享经验、教训和最佳实践，可以防止重复劳动，减少或杜绝重复性的错误，避免错误成本，减少知识冗余，减少信息搜索的时间，可以支持快速的、低成本的、高效的决策和问题解决，有利于合作目标实现。

（2）假设 H32 认为学习能力对赢利能力提高具有正向作用。对应的标准化路径系数为 0.603（$P<0.01$），假设 H32 获得支持。承包商学习能力强能够在不同的项目中获得更多的知识、信息，增加合作伙伴间已有的知识存量，在战略的合作伙伴模式下从外部获得的知识、信息、经验可以自由流动，项目内部团队可以获得更清晰的解决方案和操作步骤来方便团队执行方案。学习能力越强，获取信息越多，可参考的经验越多，越利于团队进行反思，将经验与实践融合得更好，方便团队总结归纳新经验、新知识，最终及时更新、完善当前的知识存量，有利于提升项目团队的赢利能力。

（3）假设 H33 认为学习能力对合作满意度具有正向作用。此假设没有通过显著性检验，结论不支持。

（4）假设 H34 认为学习能力对关系持续性具有正向作用。此假设没有通过显著性检验，结论不支持。

D H4 文化相容性对项目绩效具有正向作用

假设 H4 认为文化相容性对项目绩效具有正向作用，文化相容性越强，项目绩效越好；文化相容性差，则项目绩效差。针对文化相容性对项目绩效相关关系研究的四个子假设，解释如下。

（1）假设 H41 认为文化相容性对合作目标实现具有正向作用。此假设没有通过显著性检验，结论不支持。

（2）假设 H42 认为文化相容性对赢利能力提高具有正向作用。此假设没有通过显著性检验，结论不支持。

（3）假设 H43 认为文化相容性对合作满意度具有正向作用。对应的标准化路径系数为 0.443（$P<0.01$），假设 H43 获得支持。战略合作伙伴模式下合作伙伴之间的价值观与文化的作用越来越明显，企业文化相容性越强，一方面降低未来由于文化差异导致冲突的可能性，企业间的信息交换成本低，从而使互动成本越小；另一方面文化相容性高则双方彼此尊重，彼此能为对方考虑，降低由冲突和摩擦给双边合作关系所带来的风险和损失，合作关系融洽，合作双方对合作过程的满意程度也就相应提高。

（4）假设 H44 认为文化相容性对关系持续性具有正向作用。对应的标准化路径系数为 0.621（$P<0.01$），假设 H44 获得支持。业主在选择战略伙伴时不能苛求对方一定要有完全相同的文化，企业文化相容性强说明对对方文化内涵差异的理解与包容，可以减少误解与摩擦冲突，随着合作时间的延续与合作关系的深化，文化相容的合作伙伴能够通过整合求同存异，容易在合作过程中形成"双向环境激励"，从而具有共同的奋斗目标和行为准则，增强合作双方的归属感和认同感，有利于合作关系的稳定性与持续性。

E H5 关系能力对项目绩效具有正向作用

假设 H5 认为关系能力对项目绩效具有正向作用，关系能力越强，项目绩效越好；关系能力差，则项目绩效差。针对关系能力对项目绩效相关关系研究的四个子假设，本书第 4 章已经进行了解释，这里不再赘述，最后的结果如下。

（1）假设 H51 认为关系能力对合作目标实现具有正向作用。对应的标准化路径系数为 0.600（$P<0.01$），假设 H51 获得支持。

（2）假设 H52 认为关系能力对赢利能力提高具有正向作用。此假设没有通过显著性检验，结论不支持。

（3）假设 H53 认为关系能力对合作满意度具有正向作用。对应的标准化路径系数为 0.557（$P<0.05$），假设 H53 获得支持。

（4）假设 H54 认为关系能力对关系持续性具有正向作用。对应的标准化路径系数为 0.492（$P<0.01$），假设 H54 获得支持。

5.3 战略合作伙伴模式下业主选择建筑承包商的关键合作因素确定

通过上述分析可以得出以下结果。

（1）创新能力对项目绩效影响的路径分析中，"创新能力→合作目标实现""创新能力→合作满意度"和"创新能力→关系持续性"3 条影响路径没有通过检验，通过路径检验的"创新能力→赢利能力提高"对应的标准化路径系数为 0.333。相对于其他路径数值来说最小。

（2）长期合作意愿对项目绩效影响的路径分析中，"长期合作意愿→合作满意度" 1 条路径没有通过检验，通过路径检验的 "长期合作意愿→合作目标实现""长期合作意愿→赢利能力提高" 和 "合作意愿→关系持续性" 对应的标准化路径系数分别为 0.588、0.531 和 0.707；相对于其他路径数值来说最大。

（3）学习能力对项目绩效影响的路径分析中，"学习能力→关系持续性" 和 "学习能力→合作满意度" 2 条路径没有通过检验，通过路径检验的 "学习能力→合作目标实现" 和 "学习能力→赢利能力提高" 对应的标准化路径系数分别为 0.276 和 0.603。相对于其他路径数值来说较小。

（4）文化相容性对项目绩效影响的路径分析中，"文化相容性→合作目标实现" 和 "文化相容性→赢利能力提高" 2 条路径没有通过检验，通过路径检验的 "文化相容性→合作满意度" 和 "文化相容性→关系持续性" 对应的标准化路径系数分别为 0.443 和 0.621。相对于其他路径数值来说较大。

（5）关系能力对项目绩效影响的路径分析中，"关系能力→赢利能力提高" 1 条路径没有通过检验，通过路径检验的 "关系能力→合作目标实现""关系能力→合作满意度" 和 "关系能力→关系持续性" 对应的标准化路径系数分别为 0.600、0.557 和 0.492。相对于其他路径数值来说很大。

从整体上看，长期合作意愿因子对项目绩效的影响是最大的，其次是关系能力、文化相容性和学习能力因子，最后是创新能力因子。可以看出业主与承包商如果想长期合作，那么企业高层的支持是最重要的因素，这也反映出我国的领导体制的力量还是很重要的；另外建筑行业与其他行业相比较技术含量不是很高，知识更新速度不是很快，因此承包商的学习能力与创新能力对于项目绩效的影响相对较小。

根据上述分析结果可知，通过扎根理论归纳出来的战略合作伙伴模式下五个关键合作因素对项目绩效都有不同程度的影响，该模式下选择承包商的关键合作因素包括创新能力、长期合作意愿、学习能力、文化相容性和关系能力，见表 5-23。其中长期合作意愿与关系能力直接影响最大，其次是文化相容性和学习能力，创新能力影响最小。

表 5-23　战略合作伙伴模式下业主选择承包商的关键合作因素

关键合作因素（一级指标）	测量题项（二级指标）
创新能力	承包商具有变革精神
	使用先进技术实现创新性想法
	企业应对环境变化反应快
	承包商积极寻找改革的理念思想
长期合作意愿	高层认为合作是一项战略
	合作伙伴协议对自己有约束

关键合作因素（一级指标）	测量题项（二级指标）
长期合作意愿	合作伙伴一直保持长期承诺
	风险与利益公平共享
	双方目标体系在企业层面和项目层面均保持一致
学习能力	能够不断改善过程与降低重复
	鼓励员工学习并积极讨论
	学习得到成长和发展
	组织内部学习知识，技术机制
文化相容性	采纳不同意见民主性和包容性
	组织内不存在交流方面的抱怨
	双方文化和管理风格相似
	承包商支持彼此的企业目标与经营理念
关系能力	相信决策都是有益于双方
	相信依赖对方圆满完成工作
	充分理解合作目标与责任
	合作实施能力

6 战略合作伙伴模式下承包商选择体系

战略合作伙伴模式是长久型与多项目的合作模式，战略合作伙伴模式与项目合作伙伴模式都有各自独立的特点，关键合作因素也有所不同，由此形成的业主选择承包商因素体系也不尽相同。本章目的是构建战略合作伙伴模式下业主选择承包商的评价因素体系，建立选择承包商模型并进行评价。首先，根据第5章文献检索识别的影响建筑承包商竞争能力的因素，通过模糊数学方法进行筛选形成战略合作伙伴模式下选择承包商的关键竞争因素，结合第5章的研究结论构建该模式下选择承包商的评价因素体系；其次，提出选择承包商的模型并给出评价方法；最后，结合某实际建设项目进行应用。

6.1 战略合作伙伴模式下业主选择建筑承包商的评价因素体系构建

6.1.1 业主选择建筑承包商的关键竞争因素分析

通过第5章相关文献的分析可知，传统项目管理模式下选择承包商指标多体现了建筑承包商的竞争能力，因此本节基于第5章通过文献检索方法识别的传统项目管理模式下选择承包商指标为基础，运用模糊数学中的隶属度分析、相关性分析、鉴别力分析的方法进行实证筛选，构建战略合作伙伴模式下选择承包商的关键竞争因素。

6.1.1.1 关键竞争因素筛选

A 隶属度分析

隶属度分析的目的是从文献检索识别的传统项目管理模式下选择承包商的指标集合中剔除不重要和不适合战略合作伙伴模式下影响项目成功的选择承包商指标，选择出有代表性的关键指标，从而为形成该模式下选择承包商的关键竞争因素建立基础。本书将第5章初步选取的21项指标设计成"战略合作伙伴模式下选择承包商指标重要度选择问卷"（附录E）发放给参加一级建造师培训的学员260份，样本情况分布见表6-1。要求被试者根据自己的专业知识和实际工作经验，从21项指标中选出不少于10项以及不多于15项认为影响战略合作伙伴模式成功实施最重要的指标。最后回收问卷 231 份，有效问卷 169 份，有效率为 73.2%。通过对 169 份有效问卷的统计分析，分别得到了 21 项指标的隶属度，见表 6-2。以隶属度小于 0.3 为删除标准，删除动力装备能力、劳动力资源使用能力和社会贡献能力三个指标，保留 18 个指标。

表 6-1　样本情况分布

内容	所占比例		内容	所占比例	
单位职能	业主 42.0%		学历	专科及以下 13.6%	
	主承包商 58.0%			本科 70.4%	
				硕士及以上 16.0%	
职位	总经理 10.1%		企业性质	国企 33.1%	
	副总经理（总工程师）14.2%			民营企业 31.9%	
	项目经理（工程师）55.0%			国有企业改制的股份公司 30.2%	
	其他 20.7%			外资企业或其他 4.8%	
工作年限	5~10 年 16.6%		合作经验	1 个长期战略合作伙伴 18.3%	
	10~15 年 35.5%			2 个长期战略合作伙伴 27.2%	
	15 年以上 47.9%			多个长期战略合作伙伴 54.5%	

表 6-2　战略合作伙伴模式下选择承包商指标的隶属度

指标	隶属度	指标	隶属度
设计与施工能力	1	关键技术人员的经验	0.420
信息化能力	1	设备能力	0.580
技术装备能力	0.420	劳动力资源使用能力	0.225
动力装备能力	0.272	市场开拓能力	0.491
技术先进性	0.886	社会贡献能力	0.225
财务稳定性	0.828	合同履约能力	0.757
现金流	0.432	安全事故数	0.769
企业融资能力	0.473	过去的成绩	0.657
企业赢利能力	0.331	职工伤亡事故率	0.414
资本运用能力	0.385	质量管理能力	0.592
企业偿债能力	0.408		

B　相关性分析

经过隶属度分析后保留的 18 个承包商选择指标设计成"战略合作伙伴模式下选择承包商指标重要度调查问卷"（附录 F）利用一级建造师培训的机会发放给与前述不同的学员 260 份，最后回收问卷 223 份，有效问卷 176 份，有效率为 78.9%。运用 SPSS17.0 统计软件对评价指标进行相关性分析，得到相关系数矩阵。设定临界值 M 为 0.6，在相关系数矩阵中共有 3 对指标的相关系数大于该临界值，删除其中隶属度较低的指标，保留其中的 13 个指标，相关性分析所作的调整见表 6-3。

表 6-3　相关性分析所作的调整

保留的评价指标	删除的评价指标	相关系数	显著性水平
现金流	企业赢利能力	0.703	0.000
安全事故数	职工伤亡事故率	0.834	0.000
财务稳定性	企业偿债能力	0.869	0.000
设备能力	技术装备能力	0.644	0.000
企业融资能力	资本运用能力	0.612	0.000

C　鉴别力分析

运用 SPSS17.0 统计软件对保留的 13 个指标进行方差分析，并在方差分析的基础上计算每个指标的变差系数。以 0.15 为临界值，由于所有的指标均具有较好的鉴别力，未对指标体系中的指标进行删减，保留 13 个指标构成战略合作伙伴模式下选择承包商的关键竞争因素。因此，战略合作伙伴模式下业主选择建筑承包商关键竞争因素见表 6-4。

表 6-4　战略合作伙伴模式下业主选择建筑承包商关键竞争因素

关键竞争因素（一级指标）		测量题项（二级指标）	关键竞争因素（一级指标）		测量题项（二级指标）
B₁ 技术能力	C_1	设计与施工能力（自有机械设备净值与从业人员年平均人数比值）	B₃ 资源能力	C_8	设备能力（承包商自有及租赁的设备数量）
	C_2	信息化能力（信息化投入总额占固定资产投资的百分比）		C_9	市场开拓能力（近三年主营业务收入平均增长率）
	C_3	技术先进性（国内先进水平以上装备台套数与全部装备台套数比值）	B₄ 管理能力	C_{10}	安全事故数（企业当年完成每 100 亿元产值发生的安全事故起数）
B₂ 财务能力	C_4	财务稳定性（流动资产与流动负债的比值）		C_{11}	过去的成绩（过去 5 年内没有在工期内完成项目的数量，以及没有在预算内完成项目的数量）
	C_5	现金流（总资产与总负债的差值）		C_{12}	质量管理能力（某时期内达到优良标准的竣工工程数与该时期内全部竣工的工程数的比值）
	C_6	企业融资能力（承包商能为待建项目融通的资金额度）		C_{13}	合同履约能力（企业年度内完成完全合同的营业额与该年度完成的全部营业额的比值）
B₃ 资源能力	C_7	关键技术人员的经验（关键技术人员过去完成项目的类型、规模及数量）			

6.1.1.2　关键竞争因素检验

A　信度检验

本节使用 SPSS17.0 统计软件计算 Cronbach's α 值对战略合作伙伴模式下选择承包商关键竞争因素进行信度检验。内部一致性信度见表 6-5。

表 6-5　内部一致性信度

项目	总体	技术能力	财务能力	资源能力	管理能力
Cronbach's α 值	0.824	0.818	0.749	0.783	0.846

从上述数据可以看出，各项指标的 Cronbach's α 值均大于 0.7，从内部一致性角度来看，说明同质性信度符合要求，所构建的关键因素体系满足理论的要求，其评价结果可信。

B　效度检验

效度是指指标体系测量的有效性。主要通过计算"内容效度比"考量指标体系的有效程度。效度越高表示测量结果越能显示其所要测量的特征。选择了40 位专家来做判断，结果有 33 位评判人员认为 13 个评价指标很好地反映了战略合作伙伴模式下选择承包商指标的内容，即 *CVR* 是 0.65，这说明本书所构建的战略合作伙伴模式下选择承包商指标具有较高的效度。

6.1.2　业主选择建筑承包商的评价因素体系构建

根据评价指标体系的构建原则，结合战略合作伙伴模式下关键合作因素对于项目绩效影响关系的实证结果，构建该模式下业主选择承包商的评价因素体系。包括技术能力、财务能力、资源能力、管理能力、创新能力、长期合作意愿、学习能力、文化相容性和关系能力（一级指标）。技术能力、财务能力、资源能力、管理能力四个指标可归类为关键竞争因素；创新能力、长期合作意愿、学习能力、文化相容性和关系能力可归类为关键合作因素。关键竞争因素中测量参考上述文献的归纳与整理，关键合作因素的测量是参考第 6 章结构方程分析验证后提取的测量题项（二级指标）。因此，战略合作伙伴模式下业主选择建筑承包商的评价因素体系见表 6-6。

表 6-6　战略合作伙伴模式下业主选择建筑承包商的评价因素体系

关键竞争因素（一级指标）		测量题项（二级指标）	关键竞争因素（一级指标）		测量题项（二级指标）
B₁ 技术能力	C₁	设计与施工能力（自有机械设备净值与从业人员年平均人数比值）	B₁ 技术能力	C₃	技术先进性（国内先进水平以上装备台套数与全部装备台套数比值）
	C₂	信息化能力（信息化投入总额占固定资产投资百分比）	B₂ 财务能力	C₄	财务稳定性（流动资产与流动负债的比值）

关键竞争因素（一级指标）	测量题项（二级指标）		关键竞争因素（一级指标）	测量题项（二级指标）	
B_2 财务能力	C_5	现金流（总资产与总负债的差值）	B_4 管理能力	C_{10}	安全事故数（企业当年完成每 100 亿元产值发生的安全事故起数）
	C_6	企业融资能力（承包商能为待建项目融通的资金额度）		C_{11}	过去的成绩（过去 5 年内没有在工期内完成项目的数量，以及没有在预算内完成项目的数量）
B_3 资源能力	C_7	关键技术人员的经验（关键技术人员过去完成项目的类型，规模及项目的数量）		C_{12}	质量管理能力（某时期内达到优良标准的竣工工程数与该时期内全部竣工的工程数的比值）
	C_8	设备能力（承包商自有及租赁的设备数量）		C_{13}	合同履约能力（企业年度内完成合同的营业额与该年度完成的全部营业额的比值）
	C_9	市场开拓能力（近三年主营业务收入平均增长率）			

关键合作因素（一级指标）	测量题项（二级指标）		关键合作因素（一级指标）	测量题项（二级指标）	
B_5 创新能力	C_{14}	承包商具有变革精神	B_7 学习能力	C_{25}	学习得到成长和发展
	C_{15}	使用先进技术实现创新想法		C_{26}	组织内部学习知识和技术机制
	C_{16}	新方案应对环境变化反应快	B_8 文化相容性	C_{27}	采纳不同意见的民主性和包容性
	C_{17}	承包商积极寻找改革的理念思想		C_{28}	组织内不存在交流抱怨
B_6 长期合作意愿	C_{18}	高层认为合作是一项战略		C_{29}	双方文化和管理风格相似
	C_{19}	合作伙伴协议对自己有约束		C_{30}	支持彼此的企业目标和经营理念
	C_{20}	合作伙伴一直保持所作承诺	B_9 关系能力	C_{31}	相信决策都是有益于双方的
	C_{21}	风险与利益公平共享		C_{32}	相信依赖对方可以圆满完成工作
	C_{22}	双方的目标体系在企业层面和项目层面均保持一致		C_{33}	充分理解合作目标与责任
B_7 学习能力	C_{23}	不断改善过程与降低重复		C_{34}	项目合作顺利实施
	C_{24}	鼓励员工学习并积极讨论			

6.2　战略合作伙伴模式下业主选择建筑承包商的评价因素体系运用

战略合作伙伴模式是业主与承包商基于长久型与多项目的合作模式，该模式下业主与承包商应保持一个长期稳定的工作团队，团队成员之间要有长期合作的意识和思想准备，立足于加强战略合作伙伴关系的培育与战略目标的实现，双方相互信任，资源共享，才有助于达到"双赢"的效果。项目合作伙伴模式是基于短期的、单个建筑项目的合作模式，该模式下业主与承包商需结合正式的管理手段、合作工具和强制约束力的协议才可能实现合作项目理想的绩效。由此可见，两种不同合作伙伴模式下业主选择承包商的方法也不尽相同，战略合作伙伴模式下选择承包商更强调承包商的关键合作因素，才有助于项目的成功实施。因此，借鉴刘书庆的研究结果提出战略合作伙伴模式下选择承包商分阶段评价方案及基于价值工程原理承包商评价过程，如图 6-1 所示。

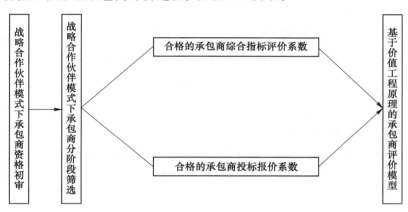

图 6-1　战略合作伙伴模式下承包商分阶段评价过程

6.2.1　业主选择建筑承包商的分阶段评价方案设计

业主在确定合作项目后，要对潜在的承包商合作伙伴进行初步的筛选，形成战略合作伙伴模式下承包商的优选目录。

（1）成立合作伙伴综合评价和选择小组。在明确需要选择战略的合作伙伴后，业主建立一个小组以控制和实施合作伙伴综合评价和选择。组员包括各职能部门的人员，例如运营、技术服务、财务和法律等部门，组员应该有团队合作精神、具有一定的专业技能且得到企业最高领导层的支持。

（2）潜在的承包商初选。评价选择小组应依据承包商资格审查条件及程序，对备选承包商进行资格审查，选择出满足资格审查条件的备选承包商，形成战略合作伙伴模式下承包商初选目录。

（3）建立合作伙伴评价指标及其权重。运用战略合作伙伴模式下业主选择承包商评价因素体系和权重的确定方法，确定选择承包商评价指标及其权重。权重的计算方法参见 4.2.2 节的权重的确定方法。

（4）战略合作伙伴模式下承包商的分阶段评价。战略合作伙伴模式下选择承包商应更加关注于承包商的关键合作因素，才有助于项目的成功实施。因此首先对初选目录上的承包商依次进行关键合作因素评价，筛选出关键合作因素相对较强的承包商进入下一阶段，形成该模式下建筑承包商的优选目录。

6.2.2 基于价值工程原理的业主选择建筑承包商评价模型

基于优选目录中各承包商来确定综合指标评估分值，计算出各承包商综合指标评价系数 F_i 和报价系数 C_i，利用价值工程原理计算价值系数 $V_i = \dfrac{F_i}{C_i}$，并取 $\text{Max}V_i$ 作为最优的合作伙伴。

6.2.2.1 综合指标评价系数的确定

综合指标评价系数 F_i 即价值工程中的功能系数。设承包商综合指标评价值为 f_i，$(i = 1, 2, \cdots, n)$，则各承包商的综合指标评价系数 F_i 为：

$$F_i = f_i \left/ \frac{1}{n} \sum_{i=1}^{n} f_i \right. \tag{6-1}$$

6.2.2.2 报价系数的确定

承包商综合指标中报价系数主要是指价值工程中的成本系数。设各承包商的报价分别为 $c_i (i = 1, 2, \cdots, n)$，标底为 d，则各承包商报价系数 C_i 为：

$$C_i = \frac{c_i}{d} \tag{6-2}$$

6.3 实 例 评 价

碧桂园集团是中国房地产十强，福布斯世界 500 强企业。总部位于中国广东顺德区，是一家以房地产为主营业务，涵盖建筑、装修、物业管理、酒店开发及管理、教育等行业的国内著名综合性企业集团。2017 年碧桂园集团进军河南区域开展地产项目，已经先后在河南省内 6 个城市购买土地开展业务，可以保障建设工程项目的长期性与持续性，准备寻找战略合作伙伴进行长期合作。根据前期市场调研与分析，按照相关资格审查条件对拟参与建设的相关施工承包商进行资格审查，初选名录包括 7 个承包商。

6.3.1 构造模糊一致判断矩阵

专家对各指标的相对重要程度进行评价，若多个专家评价经协商一致后确定战略合作伙伴模式下关键竞争因素与关键合作因素的权重分别为 0.4 和 0.6，同时构造各个层次的模糊互补判断矩阵，按照式（4-6）的方法将各模糊互补判断矩阵转换为模糊一致判断矩阵，计算结果如下。

关键竞争因素一级指标层模糊互补判断矩阵：

$$A_1 = \begin{bmatrix} 0.5 & 0.5 & 0.7 & 0.6 \\ 0.5 & 0.5 & 0.7 & 0.6 \\ 0.3 & 0.3 & 0.5 & 0.4 \\ 0.4 & 0.4 & 0.6 & 0.5 \end{bmatrix}$$

关键竞争因素一级指标层转换后的模糊一致判断矩阵：

$$\mathbf{A}_1' = \begin{bmatrix} 0.5000 & 0.5000 & 0.6000 & 0.5500 \\ 0.5000 & 0.5000 & 0.6000 & 0.5500 \\ 0.4000 & 0.4000 & 0.5000 & 0.4500 \\ 0.4500 & 0.4500 & 0.5500 & 0.5000 \end{bmatrix}$$

关键合作因素一级指标层模糊互补判断矩阵：

$$\mathbf{A}_2 = \begin{bmatrix} 0.5 & 0.3 & 0.5 & 0.4 & 0.3 \\ 0.7 & 0.5 & 0.7 & 0.6 & 0.5 \\ 0.5 & 0.3 & 0.5 & 0.4 & 0.3 \\ 0.6 & 0.4 & 0.6 & 0.5 & 0.4 \\ 0.7 & 0.5 & 0.7 & 0.6 & 0.5 \end{bmatrix}$$

关键合作因素一级指标层转换后的模糊一致判断矩阵：

$$\mathbf{A}_2' = \begin{bmatrix} 0.5000 & 0.4000 & 0.5000 & 0.4500 & 0.4000 \\ 0.6000 & 0.5000 & 0.6000 & 0.5500 & 0.5000 \\ 0.5000 & 0.4000 & 0.5000 & 0.4500 & 0.4000 \\ 0.5500 & 0.4500 & 0.5500 & 0.5000 & 0.4500 \\ 0.6000 & 0.5000 & 0.6000 & 0.5500 & 0.5000 \end{bmatrix}$$

二级指标层 (B_1)-(C_i) 模糊互补判断矩阵：

$$\mathbf{A}_3 = \begin{bmatrix} 0.5 & 0.5 & 0.5 \\ 0.5 & 0.5 & 0.5 \\ 0.5 & 0.5 & 0.5 \end{bmatrix}$$

二级指标层 (B_1)-(C_i) 转换后的模糊一致判断矩阵：

$$\mathbf{A}_3' = \begin{bmatrix} 0.5000 & 0.5000 & 0.5000 \\ 0.5000 & 0.5000 & 0.5000 \\ 0.5000 & 0.5000 & 0.5000 \end{bmatrix}$$

二级指标层 (B_2)-(C_i) 模糊互补判断矩阵：

$$\mathbf{A}_4 = \begin{bmatrix} 0.5 & 0.5 & 0.5 \\ 0.5 & 0.5 & 0.5 \\ 0.5 & 0.5 & 0.5 \end{bmatrix}$$

二级指标层 (B_2)-(C_i) 转换后的模糊一致判断矩阵：

$$\mathbf{A}_4' = \begin{bmatrix} 0.5000 & 0.5000 & 0.5000 \\ 0.5000 & 0.5000 & 0.5000 \\ 0.5000 & 0.5000 & 0.5000 \end{bmatrix}$$

二级指标层 (B_3)-(C_i) 模糊互补判断矩阵：

$$\mathbf{A}_5 = \begin{bmatrix} 0.5 & 0.6 & 0.5 \\ 0.4 & 0.5 & 0.4 \\ 0.5 & 0.6 & 0.5 \end{bmatrix}$$

二级指标层 (B_3)-(C_i) 转换后的模糊一致判断矩阵：

$$A_5' = \begin{bmatrix} 0.5000 & 0.5500 & 0.5000 \\ 0.4500 & 0.5000 & 0.4500 \\ 0.5000 & 0.5500 & 0.5000 \end{bmatrix}$$

二级指标层（B_4）-（C_i）模糊互补判断矩阵：

$$A_6 = \begin{bmatrix} 0.5 & 0.6 & 0.6 & 0.7 \\ 0.4 & 0.5 & 0.5 & 0.6 \\ 0.4 & 0.5 & 0.5 & 0.6 \\ 0.3 & 0.4 & 0.4 & 0.5 \end{bmatrix}$$

二级指标层（B_4）-（C_i）转换后的模糊一致判断矩阵：

$$A_6' = \begin{bmatrix} 0.5000 & 0.5500 & 0.5500 & 0.6000 \\ 0.4500 & 0.5000 & 0.5000 & 0.5500 \\ 0.4500 & 0.5000 & 0.5000 & 0.5500 \\ 0.4000 & 0.4500 & 0.4500 & 0.5000 \end{bmatrix}$$

二级指标层（B_5）-（C_i）模糊互补判断矩阵：

$$A_7 = \begin{bmatrix} 0.5 & 0.6 & 0.5 & 0.7 \\ 0.4 & 0.5 & 0.4 & 0.6 \\ 0.5 & 0.6 & 0.5 & 0.7 \\ 0.3 & 0.4 & 0.3 & 0.5 \end{bmatrix}$$

二级指标层（B_5）-（C_i）转换后的模糊一致判断矩阵：

$$A_7' = \begin{bmatrix} 0.5000 & 0.5500 & 0.5000 & 0.6000 \\ 0.4500 & 0.5000 & 0.4500 & 0.5500 \\ 0.5000 & 0.5500 & 0.5000 & 0.6000 \\ 0.4000 & 0.4500 & 0.4000 & 0.5000 \end{bmatrix}$$

二级指标层（B_6）-（C_i）模糊互补判断矩阵：

$$A_8 = \begin{bmatrix} 0.5 & 0.7 & 0.6 & 0.5 & 0.6 \\ 0.3 & 0.5 & 0.4 & 0.3 & 0.4 \\ 0.4 & 0.6 & 0.5 & 0.4 & 0.5 \\ 0.5 & 0.4 & 0.6 & 0.5 & 0.6 \\ 0.4 & 0.6 & 0.5 & 0.4 & 0.5 \end{bmatrix}$$

二级指标层（B_6）-（C_i）转换后的模糊一致判断矩阵：

$$A_8' = \begin{bmatrix} 0.5000 & 0.6000 & 0.5500 & 0.5000 & 0.5500 \\ 0.4000 & 0.5000 & 0.4500 & 0.4000 & 0.4500 \\ 0.4500 & 0.5500 & 0.5000 & 0.4500 & 0.5000 \\ 0.5000 & 0.6000 & 0.5500 & 0.5500 & 0.5500 \\ 0.4500 & 0.5500 & 0.5000 & 0.4500 & 0.5000 \end{bmatrix}$$

二级指标层（B_7）-（C_i）模糊互补判断矩阵：

$$A_9 = \begin{bmatrix} 0.5 & 0.7 & 0.5 & 0.6 \\ 0.3 & 0.5 & 0.3 & 0.4 \\ 0.5 & 0.7 & 0.5 & 0.6 \\ 0.4 & 0.6 & 0.4 & 0.5 \end{bmatrix}$$

二级指标层（B_7）-(C_i)转换后的模糊一致判断矩阵：

$$A_9{}' = \begin{bmatrix} 0.5000 & 0.6000 & 0.5000 & 0.5500 \\ 0.4000 & 0.5000 & 0.4000 & 0.4500 \\ 0.5000 & 0.6000 & 0.5000 & 0.5500 \\ 0.4500 & 0.5500 & 0.4500 & 0.5000 \end{bmatrix}$$

二级指标层（B_8）-(C_i)模糊互补判断矩阵：

$$A_{10} = \begin{bmatrix} 0.5 & 0.6 & 0.5 & 0.5 \\ 0.4 & 0.5 & 0.4 & 0.4 \\ 0.5 & 0.6 & 0.5 & 0.5 \\ 0.5 & 0.6 & 0.5 & 0.5 \end{bmatrix}$$

二级指标层（B_8）-(C_i)转换后的模糊一致判断矩阵：

$$A_{10}{}' = \begin{bmatrix} 0.5000 & 0.5500 & 0.5000 & 0.5000 \\ 0.4500 & 0.5000 & 0.4500 & 0.4500 \\ 0.5000 & 0.5500 & 0.5000 & 0.5000 \\ 0.5000 & 0.5500 & 0.5000 & 0.5000 \end{bmatrix}$$

二级指标层（B_9）-(C_i)模糊互补判断矩阵：

$$A_{11} = \begin{bmatrix} 0.5 & 0.6 & 0.6 & 0.7 \\ 0.4 & 0.5 & 0.5 & 0.6 \\ 0.4 & 0.5 & 0.5 & 0.6 \\ 0.3 & 0.4 & 0.4 & 0.5 \end{bmatrix}$$

二级指标层（B_9）-(C_i)转换后的模糊一致判断矩阵：

$$A'_{11} = \begin{bmatrix} 0.5000 & 0.5500 & 0.5500 & 0.6000 \\ 0.4500 & 0.5000 & 0.5000 & 0.5500 \\ 0.4500 & 0.5000 & 0.5000 & 0.5500 \\ 0.4000 & 0.4500 & 0.4500 & 0.5000 \end{bmatrix}$$

6.3.2 各层次权重的计算

已知经多个专家评价协商一致后确定关键竞争因素权重为 0.4，关键合作因素权重为 0.6。按照式（4-7）计算各模糊一致矩阵中各因素的权值，以下计算中均取 $\alpha = (n-1)/2$，可求得关键竞争因素下一级指标的权重值为 $W = (0.28, 0.28, 0.20, 0.24)$。各二级指标相对于一级指标的权重值为 $W_{21} = (0.34, 0.33, 0.33)$。重复上述步骤可得其余指标权重值，结果见表 6-7。最后通过将因素层权重及其下面的一级指标权重与相应二级指标权重相乘，可得到各指标的绝对权重。

表 6-7　各二级指标相对于一级指标权重

关键竞争因素（权重）	二级指标（权重）	关键合作因素（权重）	二级指标（权重）
B_1（0.28）	C_1（0.34）	B_5（0.17）	C_{14}（0.28）
			C_{15}（0.24）
	C_2（0.33）		C_{16}（0.28）
			C_{17}（0.20）
	C_3（0.33）		C_{18}（0.22）
B_2（0.28）	C_4（0.33）	B_6（0.23）	C_{19}（0.16）
			C_{20}（0.20）
	C_5（0.33）		C_{21}（0.22）
			C_{22}（0.20）
	C_6（0.33）		C_{23}（0.28）
B_3（0.20）	C_7（0.35）	B_7（0.17）	C_{24}（0.20）
			C_{25}（0.28）
	C_8（0.3）		C_{26}（0.24）
	C_9（0.35）		C_{27}（0.26）
		B_8（0.23）	C_{28}（0.22）
B_4（0.24）	C_{10}（0.28）		C_{29}（0.26）
			C_{30}（0.26）
	C_{11}（0.25）		C_{31}（0.28）
	C_{12}（0.25）	B_9（0.20）	C_{32}（0.25）
			C_{33}（0.25）
	C_{13}（0.22）		C_{34}（0.22）

6.3.3　业主选择建筑承包商分阶段评价

6.3.3.1　备选承包商选择关键合作因素赋值

专家对备选的 7 个承包商关键合作因素各个测量题项（二级指标）赋予分值，根据实际情况将其分为很强、强、较强、一般、弱，其对应评价分值为（1.0，0.75，0.5，0.25，0），最终评价数据是多位专家进行评价打分的平均值，引用关键合作因素下二级指标的权重可求得备选承包商选择关键合作因素下一级指标的最终评价结果。备选承包商关键合作因素评价统计表见表 6-8。

对上述 7 个承包商的关键合作因素下的一级指标评价值进行比较分析，确定其中关键合作因素相对较强的承包商，即每位承包商的关键合作因素一级指标评价值与其最优值进行比较。由表 6-8 可得最优值：$\boldsymbol{B}^* = [0.84\ 0.86\ 0.88\ 0.79\ 0.80]^{\mathrm{T}}$，令：$r_{ij} = \dfrac{\boldsymbol{B}_{ij}}{\boldsymbol{B}^*}$，构造模糊关系矩阵，则：

$$r_{ij} = \begin{bmatrix} 1.00 & 0.82 & 0.98 & 0.69 & 1.00 & 0.75 & 0.77 \\ 0.87 & 0.81 & 0.88 & 0.78 & 1.00 & 0.73 & 0.88 \\ 1.00 & 0.75 & 0.95 & 0.78 & 0.88 & 0.57 & 0.88 \\ 0.79 & 0.80 & 1.00 & 0.69 & 0.91 & 0.80 & 0.79 \\ 0.85 & 0.82 & 0.80 & 0.75 & 0.90 & 0.76 & 1.00 \end{bmatrix}$$

表 6-8　备选承包商关键合作因素评价统计表

关键合作因素	承包商 1	承包商 2	承包商 3	承包商 4	承包商 5	承包商 6	承包商 7
B_5	0.84	0.69	0.83	0.58	0.84	0.63	0.65
B_6	0.75	0.70	0.76	0.67	0.86	0.63	0.76
B_7	0.88	0.66	0.82	0.69	0.77	0.50	0.77
B_8	0.69	0.70	0.87	0.60	0.79	0.70	0.69
B_9	0.76	0.73	0.71	0.67	0.80	0.68	0.89

6.3.3.2　承包商优选目录确定

战略合作伙伴模式下承包商分阶段评价的目的是筛选出关键合作因素相对较强的承包商进入下一阶段的评价，已知战略合作伙伴模式下承包商选择因素体系中关键合作因素下一级指标的权重分别为 W =（0.17，0.23，0.17，0.23，0.20）。由 B = W · r_{ij}，可求得 7 个承包商的关键合作因素的评价值 B =（0.89，0.80，0.92，0.74，0.94，0.72，0.86），根据模糊集判断标准（很强、强、较强、一般、弱）五个层次，其对应评价集为（1.0，0.75，0.5，0.25，0），则承包商 4 与承包商 6 的关键合作因素较差，其取值在 0.75 以下，其他承包商的关键合作因素取值都大于 0.75，说明承包商的关键合作因素较强，因此初选名录中删除关键合作因素较差的承包商 4 和承包商 6，其余 5 个承包商进入下一阶段的评价，形成战略合作伙伴模式下承包商的优选目录。

6.3.4　基于价值工程原理确定承包商

计算优选目录中 5 个承包商各级指标的评价分值（见表 6-9），定量指标进行归一化，定性指标的量化标准很强、强、较强、一般、弱相应其评价集 E =（1.0，0.75，0.5，0.25，0），多位评价人员的评价结果进行加权平均，得出其相关指标的评价结果，见表 6-9。依据专家对于 5 个备选承包商的指标打分情况，计算各承包商的关键竞争因素和关键合作因素综合指标分数，即评价分数与绝对权重相乘，结果可求得承包商的关键竞争因素和关键合作因素综合分数。根据关键竞争因素与关键合作因素权重为 0.4 和 0.6，即可求得各承包商的综合评价得分。承包商综合总分见表 6-10。

依据式（6-1）与式（6-2）分别计算出各承包商的综合指标评价系数与报价系数，进而确定价值系数，承包商价值系数计算分析表见表 6-11。根据承包商价值系数的排序结果，优先选择 $MaxV_i$ 对应的承包商作为中标承包商，即承包商 1 为最后确定的中标承包商。

表 6-9　备选承包商综合指标评分表

指标	承包商 1	承包商 2	承包商 3	承包商 5	承包商 7
C_1	0.81	0.79	0.74	0.71	0.72
C_2	0.80	0.67	0.70	0.74	0.80
C_3	0.75	0.60	0.50	0.60	0.70
C_4	0.76	0.77	0.76	0.70	0.60
C_5	0.79	0.78	0.65	0.88	0.84
C_6	0.80	0.70	0.76	0.60	0.80
C_7	0.60	0.74	0.76	0.60	0.70
C_8	0.65	0.60	0.76	0.67	0.86
C_9	0.85	0.88	0.93	0.87	0.83
C_{10}	0.85	0.82	0.79	0.87	0.68
C_{11}	0.70	0.80	0.80	0.75	0.80
C_{12}	0.80	0.80	0.75	0.75	0.70
C_{13}	0.60	0.80	0.67	0.66	0.76
C_{14}	0.89	0.90	0.75	0.79	0.66
C_{15}	0.86	0.82	0.80	0.68	0.75
C_{16}	0.84	0.79	0.88	0.85	0.68
C_{17}	0.93	0.65	0.90	0.76	0.78
C_{18}	0.69	0.78	0.92	0.78	0.94
C_{19}	0.87	0.76	0.66	0.94	0.76
C_{20}	0.65	0.73	0.78	0.72	0.65
C_{21}	0.80	0.85	0.84	0.63	0.80
C_{22}	0.86	0.60	0.70	0.74	0.69
C_{23}	0.65	0.70	0.65	0.68	0.85
C_{24}	0.83	0.75	0.82	0.60	0.87
C_{25}	0.82	0.70	0.72	0.74	0.69
C_{26}	0.73	0.71	0.72	0.79	0.71

指标	承包商 1	承包商 2	承包商 3	承包商 5	承包商 7
C_{27}	0.83	0.81	0.69	0.71	0.74
C_{28}	0.81	0.71	0.81	0.75	0.72
C_{29}	0.85	0.73	0.82	0.81	0.73
C_{30}	0.80	0.71	0.68	0.71	0.81
C_{31}	0.77	0.71	0.68	0.73	0.74
C_{32}	0.78	0.77	0.81	0.65	0.79
C_{33}	0.81	0.82	0.78	0.71	0.70
C_{34}	0.83	0.79	0.80	0.75	0.71

表 6-10　承包商综合总分

承包商	关键竞争因素	关键合作因素	综合总分
承包商 1	0.753	0.802	0.782
承包商 2	0.739	0.753	0.747
承包商 3	0.723	0.769	0.751
承包商 4	0.715	0.758	0.730
承包商 5	0.746	0.750	0.748

表 6-11　承包商价值系数计算分析表

承包商	综合评价系数值	报价/万元	报价系数评价值	价值系数	排序
承包商 1	1.043	1000	1.000	1.043	1
承包商 2	0.996	1200	1.200	0.830	5
承包商 3	1.001	980	0.980	1.021	2
承包商 5	0.973	1100	1.100	0.884	4
承包商 7	0.997	1000	1.000	0.997	3

附　　　录

附录 A

调 查 问 卷

尊敬的专家：

您好！非常感谢您在百忙之中抽出时间填写此问卷。

本问卷仅用于学术研究，我们向您保证问卷调查是完全保密的，不记姓名，不会涉及个人隐私。请您基于工作经验、商业合同或职业经历等，回答本问卷，您的答案无所谓对错且不会被第三方看到，请您放心作答。衷心感谢您的支持！

一、基本信息

（1）您在企业中的职位是（仅选一项）。

董事长（总经理）□　副总经理（总工程师）□　项目经理（工程师）□
其他□

（2）您在建筑工程相关行业中的工作年限。

5 年以下□　5~10 年□　10~15 年□　15 年以上□

（3）您的教育程度。

硕士及以上□　本科□　专科及以下□

（4）贵单位最主要的职能是（仅选一项）。

业主□　总承包商□　其他□

（5）贵单位的性质。

国有企业□　国有企业改制的股份公司□　民营企业□　外资（其他）□

（6）贵单位参与项目合作情况。

1 次项目合作经验□　2 次项目合作经验□　有长期战略合作伙伴□

（7）若有过长期战略合作伙伴。

目前没有长期的战略合作伙伴但是具有战略合作的经验□

目前有 1 个长期的战略合作伙伴□

目前有 2 个长期的战略合作伙伴□

目前有 2 个以上的战略合作伙伴□

二、合作伙伴模式的含义

项目合作伙伴模式是指在两个或两个以上的组织之间为了获取特定的商业利益，充分利用各方资源而做出的一种相互承诺。参与项目的各方共同组建一个工作团队，通过工作团队的运作来确保各方的共同目标和利益得到实现。项目合作伙伴模式主要是指短期的、单个的建筑项目合作。

战略合作伙伴模式是指在两个或两个以上的组织之间，为了实现特定的商业目标，充分利用各方资源而做出的一种长期承诺。这种关系是建立在信任、对共同目标的奉献、对对方的期望和价值观充分理解的基础之上。其追求长期关系的建立以及战略目标的实现，通过无形收益的增加进而获得竞争优势。战略合作伙伴模式是指长久型与多项目的合作模式。

三、问卷调查部分

（一）项目合作伙伴模式下合作意愿量表

下列描述是有关"项目合作伙伴模式下合作意愿"的状况，根据您在各项活动或感知上的实际程度，于右边栏中最符合您的选项上打"√"。	完全不同意	不同意	一般	同意	完全同意
高层为项目提供资源					
高层参与项目合作					
风险与利益公平共享					
双方目标无冲突					

（二）项目合作伙伴模式下合作能力量表

下列描述是有关"项目合作伙伴模式下合作能力"的状况，根据您在各项活动或感知上的实际程度，于右边栏中最符合您的选项上打"√"。	完全不同意	不同意	一般	同意	完全同意
伙伴之间沟通从未间断					
项目成员具备有效沟通					
冲突解决及时性					
冲突解决无攻击性					
伙伴能应对市场突变					

（三）项目合作伙伴模式下关系能力量表

下列描述是有关"项目合作伙伴模式下关系能力"的状况，根据您在各项活动或感知上的实际程度，于右边栏中最符合您的选项上打"√"。	完全不同意	不同意	一般	同意	完全同意
充分信任伙伴的决定					
认为团队成员可靠					
理解合作目标与责任					
合作理念顺利实施					

（四）项目合作伙伴模式下合作信誉量表

下列描述是有关"项目合作伙伴模式下合作信誉"的状况，根据您在各项活动或感知上的实际程度，于右边栏中最符合您的选项上打"√"。	完全不同意	不同意	一般	同意	完全同意
关键员工较少流动					
吸引优秀人才					
具有丰富项目合作经历					
合作过的机构关系良好					

（五）项目绩效量表

下列描述是有关贵单位项目实施项目合作伙伴模式下的"项目绩效"的状况，根据您在各项活动或感知上的实际程度，于右边栏中最符合您的选项上打"√"。	完全不同意	不同意	一般	同意	完全同意
合作完成了合同目标					
参与方之间很少发生索赔或诉讼					
合作大大降低了各自的市场交易成本					
资源利用高效					
业主与合作伙伴的合作效率很高					
合作强化了合作伙伴的竞争优势					
双方对合作成果感到满意					
我们与合作伙伴的合作关系非常愉快					
为了建立长期合作关系双方都愿意对眼前利益做出让步					
我们愿意与合作伙伴继续该合作关系					

附录 B

项目合作伙伴模式下选择承包商指标重要度选择问卷

尊敬的专家：

您好！非常感谢您在百忙之中抽出时间填写此问卷。

本问卷仅用于学术研究，我们向您保证问卷调查是完全保密的，不记姓名，不会涉及个人隐私。您的答案无所谓对错且不会被第三方看到，请您放心作答。衷心感谢您的支持！

一、基本信息

（1）您在企业中的职位是（仅选一项）。

董事长（总经理）□　副总经理（总工程师）□　项目经理（工程师）□其他□

（2）您在建筑工程相关行业中的工作年限。

5 年以下□　5~10 年□　10~15 年□　15 年以上□

（3）您的教育程度。

硕士及以上□　本科□　专科及以下□

（4）贵单位最主要的职能是（仅选一项）。

业主□　总承包商□　其他□

（5）贵单位的性质。

国有企业□　国有企业改制的股份公司□　民营企业□　外资（其他）□

（6）贵单位参与项目合作情况。

1 次项目合作经验□　2 次项目合作经验□　有长期战略合作伙伴□

（7）若有过长期战略合作伙伴。

目前没有长期的战略合作伙伴但是具有战略合作的经验□

目前有 1 个长期的战略合作伙伴□

目前有 2 个长期的战略合作伙伴□

目前有 2 个以上的战略合作伙伴□

请根据您个人的经验判断，在下表 21 项指标中，选出您认为最能反映影响项目合作伙伴模式成功且能体现承包商竞争能力的选择承包商的 10~15 项指标，在后面空格内打"√"。

二、项目合作伙伴模式的含义

项目合作伙伴模式是指在两个或两个以上的组织之间为了获取特定的商业利益，充分利用各方资源而做出的一种相互承诺。参与项目的各方共同组建一个工作团队，通过工作团队的运作来确保各方的共同目标和利益得到实现。项目合作伙伴模式主要是指短期的、单个的建筑项目合作。

序号	指标	选择	序号	指标	选择
1	设计施工能力		12	关键技术人员的经验	
2	信息化能力		13	劳动力资源使用能力	
3	动力装备能力		14	设备能力	
4	技术装备能力		15	市场开拓能力	
5	技术先进性		16	市场占有率	
6	财务稳定性		17	安全事故数	
7	现金流		18	职工伤亡事故率	
8	企业融资能力		19	过去的成绩	
9	企业偿债能力		20	质量管理能力	
10	资本运用能力		21	合同履约能力	
11	企业赢利能力				

您认为还有其他重要的指标可列出：

附录 C

项目合作伙伴模式下选择承包商指标重要度调查问卷

尊敬的专家：

您好！非常感谢您在百忙之中抽出时间填写此问卷。

本问卷仅用于学术研究，我们向您保证问卷调查是完全保密的，不记姓名，不会涉及个人隐私。您的答案无所谓对错且不会被第三方看到，请您放心作答。衷心感谢您的支持！

一、基本信息

（1）您在企业中的职位是（仅选一项）。

董事长（总经理）□　副总经理（总工程师）□　项目经理（工程师）□　其他□

（2）您在建筑工程相关行业中的工作年限。

5 年以下□　5~10 年□　10~15 年□　15 年以上□

（3）您的教育程度。

硕士及以上□　本科□　专科及以下□

（4）贵单位最主要的职能是（仅选一项）。

业主□　总承包商□　其他□

（5）贵单位的性质。

国有企业□　国有企业改制的股份公司□　民营企业□　外资（其他）□

（6）贵单位参与项目合作情况。

1 次项目合作经验□　2 次项目合作经验□　有长期战略合作伙伴□

（7）若有过长期战略合作伙伴。

目前没有长期的战略合作伙伴但是具有战略合作的经验□

目前有 1 个长期的战略合作伙伴□

目前有 2 个长期的战略合作伙伴□

目前有 2 个以上的战略合作伙伴□

二、项目合作伙伴模式的含义

项目合作伙伴模式是指在两个或两个以上的组织之间为了获取特定的商业利益，充分利用各方资源而做出的一种相互承诺。参与项目的各方共同组建一个工作团队，通过工作团队的运作来确保各方的共同目标和利益得到实现。项目合作伙伴模式主要是指短期的、单个的建筑项目合作。

		完全不同意	不同意	一般	同意	完全同意
序号	关键竞争因素					
1	设计施工能力					
2	信息化能力					
3	技术装备能力					
4	财务稳定性					
5	现金流					
6	企业融资能力					
7	企业偿债能力					
8	资本运用能力					
9	企业赢利能力					
10	关键技术人员的经验					
11	劳动力资源使用能力					
12	设备能力					
13	市场占有率					
14	安全事故数					
15	职工伤亡事故率					
16	过去的成绩					
17	质量管理能力					
18	合同履约能力					

请根据您个人在各项活动的经验判断或感知上的实际程度，在下表18项指标中选择能够反映"项目合作伙伴模式下选择承包商指标"的重要程度，于右边栏中最符合您的选项上打"√"。

附录 D

调 查 问 卷

尊敬的专家：

您好！非常感谢您在百忙之中抽出时间填写此问卷。

本问卷仅用于学术研究，我们向您保证问卷调查是完全保密的，不记姓名，不会涉及个人隐私。请您基于工作经验、商业合同或职业经历等，回答本问卷，您的答案无所谓对错且不会被第三方看到，请您放心作答。衷心感谢您的支持！

一、基本信息

（1）您在企业中的职位是（仅选一项）。

董事长（总经理）□　副总经理（总工程师）□　项目经理（工程师）□　其他□

（2）您在建筑工程相关行业中的工作年限。

5 年以下□　5~10 年□　10~15 年□　15 年以上□

（3）您的教育程度。

硕士及以上□　本科□　专科及以下□

（4）贵单位最主要的职能是（仅选一项）。

业主□　总承包商□　其他□

（5）贵单位的性质。

国有企业□　国有企业改制的股份公司□　民营企业□　外资（其他）□

（6）贵单位参与项目合作情况。

1 次项目合作经验□　2 次项目合作经验□　有长期战略合作伙伴□

（7）若有过长期战略合作伙伴。

目前没有长期的战略合作伙伴但是具有战略合作的经验□

目前有 1 个长期的战略合作伙伴□

目前有 2 个长期的战略合作伙伴□

目前有 2 个以上的战略合作伙伴□

二、合作伙伴模式的含义

　　项目合作伙伴模式是指在两个或两个以上的组织之间为了获取特定的商业利益，充分利用各方资源而做出的一种相互承诺。参与项目的各方共同组建一个工作团队，通过工作团队的运作来确保各方的共同目标和利益得到实现。项目合作伙伴模式主要是指短期的、单个的建筑项目合作。

战略合作伙伴模式是指在两个或两个以上的组织之间，为了实现特定的商业目标，充分利用各方资源而做出的一种长期承诺。这种关系是建立在信任、对共同目标的奉献、对对方的期望和价值观充分理解的基础之上。其追求长期关系的建立以及战略目标的实现，通过无形收益的增加进而获得竞争优势。战略的合作伙伴模式是指长久型与多项目的合作模式。

三、问卷调查部分

（一）战略合作伙伴模式下创新能力量表

下列描述是有关"战略合作伙伴模式下创新能力"的状况，根据您在各项活动或感知上的实际程度，于右边栏中最符合您的选项上打"√"。	完全不同意	不同意	一般	同意	完全同意
合作伙伴是行业中具变革精神的企业					
团队能使用先进技术来实现创新性想法					
企业应对环境变化反应快					
企业积极寻找改革的理念思想					

（二）战略合作伙伴模式下长期合作意愿量表

下列描述是有关"战略合作伙伴模式下长期合作意愿"的状况，根据您在各项活动或感知上的实际程度，于右边栏中最符合您的选项上打"√"。	完全不同意	不同意	一般	同意	完全同意
高层认为实施合作是一项战略					
合作各方的目标体系在企业层面和项目层面均保持一致					
合作伙伴协议对自己有约束					
合作伙伴一直保持所作的承诺					
风险与利益公平共享					

（三）战略合作伙伴模式下学习能力量表

下列描述是有关"战略合作伙伴模式下学习能力"的状况，根据您在各项活动或感知上的实际程度，于右边栏中最符合您的选项上打"√"。	完全不同意	不同意	一般	同意	完全同意
双方能够不断改善过程与降低重复					
组织内部建立获取知识，技术以及能力的习惯					
企业鼓励员工学习并积极讨论					
授权项目团队成员，团队成员得到成长和发展					

（四）战略合作伙伴模式下文化相容性量表

下列描述是有关"战略合作伙伴模式下文化相容性"的状况，根据您在各项活动或感知上的实际程度，于右边栏中最符合您的选项上打"√"。	完全不同意	不同意	一般	同意	完全同意
能听取不同意见的民主作风和包容性					
组织内不存在交流方面的抱怨					
合作双方之间文化和管理风格相似					
合作伙伴接受彼此的经营理念，相互支持彼此的企业目标					

（五）战略合作伙伴模式下关系能力量表

下列描述是有关"战略合作伙伴模式下关系能力"的状况，根据您在各项活动或感知上的实际程度，于右边栏中最符合您的选项上打"√"。	完全不同意	不同意	一般	同意	完全同意
伙伴相信决策都是有益于双方的					
相信依赖对方圆满完成工作					
项目成员充分理解合作目标与责任					
合作伙伴理解并且能够向其他人解释组织的使命					

（六）项目绩效量表

下列描述是有关贵单位项目实施战略合作伙伴模式下的"项目绩效"的状况，根据您在各项活动或感知上的实际程度，于右边栏中最符合您的选项上打"√"。	完全不同意	不同意	一般	同意	完全同意
合作完成了合同目标					
参与方之间很少发生索赔或诉讼					
合作大大降低了各自的市场交易成本					
资源利用高效					
业主与合作伙伴的合作效率很高					
合作强化了合作伙伴的竞争优势					
双方对合作成果感到满意					
我们与合作伙伴的合作关系非常愉快					
为了建立长期合作关系双方都愿意对眼前利益做出让步					
我们愿意与合作伙伴继续该合作关系					
如果重新选择，我们仍然会选择现在的合作伙伴					

附录 E

战略合作伙伴模式下选择承包商指标重要度选择问卷

尊敬的专家：

您好！非常感谢您在百忙之中抽出时间填写此问卷。

本问卷仅用于学术研究，我们向您保证问卷调查是完全保密的，不记姓名，不会涉及个人隐私。您的答案无所谓对错且不会被第三方看到，请您放心作答。衷心感谢您的支持！

一、基本信息

（1）您在企业中的职位是（仅选一项）。

董事长（总经理）□　副总经理（总工程师）□　项目经理（工程师）□ 其他□

（2）您在建筑工程相关行业中的工作年限。

5 年以下□　5~10 年□　10~15 年□　15 年以上□

（3）您的教育程度。

硕士及以上□　本科□　专科及以下□

（4）贵单位最主要的职能是（仅选一项）。

业主□　总承包商□　其他□

（5）贵单位的性质。

国有企业□　国有企业改制的股份公司□　民营企业□　外资（其他）□

（6）贵单位参与项目合作情况。

1 次项目合作经验□　2 次项目合作经验□　有长期战略合作伙伴□

（7）若有过长期战略合作伙伴。

目前没有长期的战略合作伙伴但是具有战略合作的经验□

目前有 1 个长期的战略合作伙伴□

目前有 2 个长期的战略合作伙伴□

目前有 2 个以上的战略合作伙伴□

请根据您个人的经验判断，在下表 21 项指标中，选出您认为最能反映影响战略合作伙伴模式成功且能体现承包商竞争能力的选择承包商的 10~15 项指标，在后面空格内打"√"。

二、战略合作伙伴模式的含义

战略合作伙伴模式是指在两个或两个以上的组织之间，为了实现特定的商业目标，充分利用各方资源而做出的一种长期承诺。这种关系是建立在信任、对共同目标的奉献、对对方的期望和价值观充分理解的基础之上。其追求长期关系的建立以及战略目标的实现，通过无形收益的增加进而获得竞争优势。战略合作伙伴模式是指长久型与多项目的合作模式。

序号	关键竞争因素	选择	序号	关键竞争因素	选择
1	设计施工能力		12	关键技术人员的经验	
2	信息化能力		13	劳动力资源使用能力	
3	动力装备能力		14	设备能力	
4	技术装备能力		15	市场开拓能力	
5	技术先进性		16	市场占有率	
6	财务稳定性		17	安全事故数	
7	现金流		18	职工伤亡事故率	
8	企业融资能力		19	过去的成绩	
9	企业偿债能力		20	质量管理能力	
10	资本运用能力		21	合同履约能力	
11	企业赢利能力				

您认为还有其他重要的指标可列出：

附录 F

战略合作伙伴模式下选择承包商指标重要度调查问卷

尊敬的专家：

您好！非常感谢您在百忙之中抽出时间填写此问卷。

本问卷仅用于学术研究，我们向您保证问卷调查是完全保密的，不记姓名，不会涉及个人隐私。您的答案无所谓对错且不会被第三方看到，请您放心作答。衷心感谢您的支持！

一、基本信息

（1）您在企业中的职位是（仅选一项）。

董事长（总经理）□　副总经理（总工程师）□　项目经理（工程师）□其他□

（2）您在建筑工程相关行业中的工作年限。

5 年以下□　5~10 年□　10~15 年□　15 年以上□

（3）您的教育程度。

硕士及以上□　本科□　专科及以下□

（4）贵单位最主要的职能是（仅选一项）。

业主□　总承包商□　其他□

（5）贵单位的性质。

国有企业□　国有企业改制的股份公司□　民营企业□　外资（其他）□

（6）贵单位参与项目合作情况。

1 次项目合作经验□　2 次项目合作经验□　有长期战略合作伙伴□

（7）若有长期战略合作伙伴。

目前没有长期的战略合作伙伴但是具有战略合作的经验□

1 个长期的战略合作伙伴□

2 个长期的战略合作伙伴□

2 个以上的战略合作伙伴□

二、战略合作伙伴模式的含义

战略合作伙伴模式是指在两个或两个以上的组织之间，为了实现特定的商业目标，充分利用各方资源而做出的一种长期承诺。这种关系是建立在信任、对共同目标的奉献、对对方的期望和价值观充分理解的基础之上。其追求长期关系的建立以及战略目标的实现，通过无形收益的增加进而获得竞争优势。战略合作伙伴模式是指长久型与多项目的合作模式。

请根据您个人在各项活动的经验判断或感知上的实际程度，在下表18项指标中选择能够反映"战略合作伙伴模式下选择承包商"的重要程度，于右边栏中最符合您的选项上打"√"。		完全不同意	不同意	一般	同意	完全同意
序号	关键竞争因素					
1	设计施工能力					
2	信息化能力					
3	技术先进性					
4	技术装备能力					
5	财务稳定性					
6	现金流					
7	企业融资能力					
8	企业偿债能力					
9	资本运用能力					
10	企业赢利能力					
11	关键技术人员的经验					
12	设备能力					
13	市场开拓能力					
14	安全事故数					
15	职工伤亡事故率					
16	过去的成绩					
17	质量管理能力					
18	合同履约能力					

参 考 文 献

［1］ AHMED S M, AHMAD R, SARAM D D D. Risk management trends in Hong Kong construction industry: a comparison of contractors and owners perceptions ［J］. Engineering Construction & Architecture Management, 1999, 6 (3): 256-266.

［2］ MITROPOULOS P, TAUM C B. Management-driven integration ［J］. Journal of Management Engineering, 2000, 16 (1): 48-58.

［3］ LI H, CHENG E W L, LOVE P E D. Partnering research in construction ［J］. Engineering Construction and Architectural Management, 2000, 7 (1): 76-92.

［4］ KRIPPAEHNE R C, MCCULLOUCH B G, VANEGAS J A. Vertical business integration strategies for construction ［J］. Journal of Management in Engineering, 1992, 8 (2): 153-166.

［5］ 于淑红. 基于 Partnering 模式的我国业主方工程管理模式研究 ［D］. 北京: 中国石油大学, 2011.

［6］ CHAN A P C, JOHANSEN E, MOOR R. Partnering paradoxes: a case of constructing inter-organisational collaborations in infrastructure projects ［J］. Project Perspectives, 2012, 34: 28-33.

［7］ BLACK C, AKINTOYE A, FITZGERALD E. An analysis of success factors and benefits of partnering in construction ［J］. International Journal of Project Management, 2000, 18 (6): 423-434.

［8］ CHAN A P C, CHAN D W M, HO K S K. An empirical study of the benefits of construction partnering in Hong Kong ［J］. Construction Management and Economics, 2003, 21 (5): 523-533.

［9］ 孟宪海, 李誉魁. 国际工程项目管理新模式——Partnering ［J］. 建筑经济, 2006, (4): 48-50.

［10］ 陆绍凯. 工程项目合作伙伴适用性评估体系研究 ［D］. 成都: 西南交通大学, 2005.

［11］ CONLEY M A, GREGORY R A. Partnering on small construction projects ［J］. Journal of Construction Engineering and Management, 1999, 125 (5): 320-324.

［12］ 左剑, 马远发. 试论中国文化对实施 Partnering 模式的影响 ［J］. 基建优化, 2006, 27 (6): 1-6.

［13］ 姜保平. 工程建设项目参与各方关系状况的问卷调查研究 ［J］. 建筑经济, 2008 (9): 73-75.

［14］ WOOD G D, ELLIS R C T. Main contractor experiences of partnering relationships on UK construction projects ［J］. Construction Management and Economics, 2005, 23 (3): 317-325.

［15］ ERIKSSON P E, PESÄMAA O. Modelling procurement effects on cooperation ［J］. Construction Management and Economics, 2007, 25 (8): 893-901.

［16］ CHEUNG S O, THOMAS S T, HENRY C H. Behavioral aspects in construction partnering ［J］. International Journal of Project Management, 2003, 21 (5): 333-343.

［17］ 何晓晴. 工程项目成功合作及其管理指标体系的构建与研究［D］. 长沙：湖南大学，2006.

［18］ KADEFORS A. Trust in project relationships—inside the black box［J］. International Journal of project management，2004，22（3）：175-182.

［19］ 田海涛，朱智清，王晓强. 伙伴关系方式下工程项目合作伙伴选择研究［J］. 项目管理技术，2010，8（4）：18-23.

［20］ ERIKSSON P E，WESTERBERG M. Effects of cooperative procurement procedures on construction project performance：a conceptual framework［J］. International Journal of Project Management，2010：1-12.

［21］ CHENG E W L，LI H. Construction partnering process and associated critical success factors：quantitative investigation［J］. Journal of Management in Engineering，2002，18（4）：194-202.

［22］ ERIKSSON P E，LAAN A. Procurement effects on trust and control in client-contractor relationships［J］. Engineering，Construction and Architectural Management，2007，14（4）：387-399.

［23］ BRESNEN M，MARSHALL N. Building partnerships：case studies of client-contractor collaboration in the UK construction industry［J］. Construction Management & Economics，2000，18（7）：819-832.

［24］ BROWN D C，ASHLEIGH M J，RILEY M J，et al. New project procurement process［J］. Journal of Management in Engineering，2001，17（4）：192-201.

［25］ HOSSEINI A，WONDIMU P A，BELLINI A，et al. Project partnering in Norwegian construction industry［J］. Energy Procedia，2016，96：241-252.

［26］ WALKER D H T，HAMPSON K. Procurement strategies：a relationship based approach［J］. Wiley-Blackwell，2003，12（6）：1314-1315.

［27］ BOWER D. Management of procurement［M］. London，2003.

［28］ 李誉魁，我国法律框架下 Partnering 模式结合其他承发包模式的应用研究［D］. 上海：同济大学，2007.

［29］ 孙凌娜. Partnering 模式下合作伙伴选择的研究［J］. 有色金属设计，2007，34（2）：63-70.

［30］ 王林秀，丰敦儒. 基于 SPA 的合作伙伴选择［J］. 工程管理学报，2010，24（4）：424-427.

［31］ 王争朋. 伙伴关系项目管理模式及其承包商选择和争端处理方式研究［D］. 天津：天津大学，2006.

［32］ KADEFORS A，BJORLINGSON E，KARLSSON A. Procuring service innovations：Contractor selection for partnering projects［J］. International Journal of Project Management，2007（25）：375-385.

［33］ 杨洪涛. "关系" 文化对合伙创业伙伴选择考量要素的影响研究［D］. 哈尔滨：哈尔滨工业大学，2010.

［34］ ERIKSSON P E. Procurement and governance management-development of a conceptual procurement model based on different types of control [J]. Management Revue, 2006: 30-49.

[35] 刘果果. Partnering 管理模式应用和相关机制研究 [D]. 西安: 西安建筑科技大学, 2008.

[36] CHENG E W L, LI H. Development of a conceptual model of construction partnering [J]. Engineering Construction and Architectural Management, 2001b, 8 (4): 292-303.

[37] 祝天一, 杨卫华, 徐雷. Partnering 模式伙伴选择标准与项目绩效关系的实证研究 [J]. 建筑经济, 2017 (8): 41-45.

[38] 徐雷, 杨卫华, 祝天一, 等. Partnering 模式下的伙伴选择与项目绩效: 合作关系的中介效应 [J]. 工程管理学报, 2017, 31 (5): 101-106.

[39] FELLOWS R, LIU A M M. Managing organizational interfaces in engineering construction projects: addressing fragmentation and boundary issues across multiple interfaces [J]. Construction Management and Economics, 2012, 30 (8): 653-671.

[40] GHAFFARI A, KARGAR A. Partnering Research in Construction [J]. Engineering Journals, 2015: 356-369.

[41] 王敏怡. 基于 Partnering 模式的建设工程项目冲突处理系统研究 [D]. 杭州: 浙江大学, 2007.

[42] BRESNEN M, MARSHALL N. Motivation, commitment and the use of incentives in partnerships and alliances [J]. Construction Management and Economics, 2000, 18 (5): 587-598.

[43] WONG P S P, CHEUNG S O. Structural equation model of trust and partnering success [J]. Journal of Management in Engineering, 2005, 21 (2): 70-80.

[44] WONG P S P, CHEUNG S O. Contractor as trust Initiator in construction Partnering-prisoner's dilemma perspective [J]. Journal of Construction Engineering and Management, 2005, 131 (10): 1045-1053.

[45] KWAN A Y, OFORI G. Chinese culture and successful implementation of Partnering in Singapore's Construction Industry [J]. Construction Management and Economics, 2001, (19): 619-632.

[46] CROMPTON L, GOULDING J S, POUR R F. Construction Partnering: moving towards the rationalisation for a dominant paradigm [J]. International Journal of Sustainable Tropical Design Research and Practice, 2014, 7 (1): 57-78.

[47] CHAN A P C, CHAN D W M, CHIANG Y H, et al. Exploring critical success factors for partnering in construction projects [J]. Journal of Construction Engineering and Management, 2004, 130 (2): 188-198.

[48] WONG P S P, CHEUNG S O. Trust in construction partnering: views from parties of the partnering dance [J]. International Journal of Project Management, 2004, 22 (6): 437-446.

[49] CHEN W T, CHEN T T, SHENG L C, et al. Analyzing relationships among success variables of construction partnering using structural equation modeling: a case study of Taiwan's construction industry [J]. Journal of Civil Engineering and Management, 2012, 18 (6): 783-794.

［50］ DOĞAN S Z, ÇALGICI P K, ARDITI D, et al. Critical success factors of Partnering in the building design process ［J］. Journal of the Faculty of Architecture, 2016, 32（2）: 61-78.

［51］ WØIEN J, HOSSEINI A, KLAKEGG O J, et al. Partnering elements' importance for success in the Norwegian construction industry ［J］. Energy Procedia, 2016, 96: 229-240.

［52］ ZUO J, CHAN A P C, ZHAO Z Y, et al. Supporting and impeding factors for partnering in construction: a China study ［J］. Facilities, 2013, 31（11/12）: 468-488.

［53］ CHENG E W L, LI H, LOVE P E D. Establishment of critical success factors for construction partnering ［J］. Journal of management in engineering, 2000, 16（2）: 84-92.

［54］ ZHE T W, YOUNG D M. Partnering mechanism in construction ［D］. Australia: The University of Melbourne, 2005.

［55］ 陈晓. Partnering 模式的理论与应用研究 ［D］. 南京: 河海大学, 2005.

［56］ 高辉, 杨高升, 胡宁. 伙伴模式关键影响因素研究 ［J］. 建筑管理现代化, 2006（3）: 57-59.

［57］ 何晓晴. 基于判别分析的工程项目合作绩效影响要素研究 ［J］. 广州大学学报（自然科学版）, 2007, 6（4）: 91-94.

［58］ 彭频, 李静. 基于因子分析的 Partnering 模式关键成功因素研究 ［J］. 企业经济, 2010（9）: 77-79.

［59］ 吕萍, 周若琼, 彭菲. 建筑工程项目中 Partnering 模式关键成功因素模型构建与实证研究 ［J］. 电子科技大学学报（社会科学版）, 2012, 14（1）: 78-84.

［60］ NG S T, ROSE T M, MAK M, et al. Problematic issues associated with project partnering——the contractor perspective ［J］. International Journal of Project Management, 2002, 20（6）: 437-449.

［61］ ALDERMAN N, IVORY C. Partnering in major contracts: paradox and Metaphor ［J］. International Journal of Project Management, 2007（25）: 386-393.

［62］ DEWULF G, KADEFORS A. Collaboration in public construction——contractual incentives, partnering schemes and trust ［J］. Engineering Project Organization Journal, 2012, 2（4）: 240-250.

［63］ CHAN A P C, CHAN D W M, HO K S K. Partnering in construction: critical study of problems for implementation ［J］. Journal of Management in Engineering, 2003, 19（3）: 126-135.

［64］ BEACH R, WEBSTER M, CAMPBELL K M. An evaluation of partnership development in the construction industry ［J］. International Journal of Project Management, 2005, 23（8）: 611-621.

［65］ ERIKSSON P E. Procurement effects on coopetition in client-contractor relationships ［J］. Journal of construction Engineering and Management, 2008, 134（2）: 103-111.

［66］ ERIKSSON P E. Client perceptions of barriers to partnering ［J］. Engineering Construction and Architectural Management, 2008, 15（6）: 527-539.

［67］ MOLLAOGLU S, SPARKLING A, THOMAS S. An inquiry to move an underutilized best practice forward: Barriers to partnering in the architecture, engineering, and construction industry［J］. Project Management Journal, 2015, 46（1）: 69-83.

［68］ WASIU A, AMIRUDIN R B. Barriers to Partnering implementation in Nigeria construction industry: perceptions of the stakeholders［J］. Indian Journal of Science and Technology, 2016, 9（46）: 1-10.

［69］ BRESNEN M. Deconstructing partnering in project-based organization: Seven pillars, seven paradoxes and seven deadly sins［J］. International Journal of Project Management, 2007（25）: 365-374.

［70］ ERIKSSON P E. Partnering: what is it, when should it be used, and how should it be implemented?［J］. Construction management and economics, 2010, 28（9）: 905-917.

［71］ ADNAN H, SHAMSUDDIN S M, SUPARDI A, et al. Conflict prevention in partnering projects［J］. Procedia-Social and Behavioral Sciences, 2012, 35: 772-781.

［72］ JACOBSSON M, ROTH P. Towards a shift in mindset: partnering projects as engagement platforms［J］. Construction Management and Economics, 2014, 32（5）: 419-432.

［73］ ERIKSSON P E, DICKINSON M, KHALFAN M M A. The influence of partnering and procurement on subcontractor involvement and innovation［J］. Facilities, 2007, 25（5/6）: 203-214.

［74］ ERIKSSON P E, NILSSON T B. Partnering the construction of a Swedish pharmaceutical plant: case study［J］. Journal of Management in Engineering, 2008, 24（4）: 227-233.

［75］ ERIKSSON P E, ATKIN B, NILSSON T B. Overcoming barriers to partnering through cooperative procurement procedures［J］. Engineering, Construction and Architectural Management, 2009, 16（6）: 598-611.

［76］ PESÄMAA O, ERIKSSON P E, HAIR J F. Validating a model of cooperative procurement in the construction industry［J］. International Journal of Project Management, 2009, 27（6）: 552-559.

［77］ 李昱. 我国建筑业实施 Partnering 模式的合作策略选择与管理机制问题研究［D］. 大连: 东北财经大学, 2013.

［78］ 毛友全. 工程项目伙伴关系管理模式研究［D］. 成都: 西南交通大学, 2004.

［79］ 李晨. Partnering 模式在公路建设中的应用及伙伴选择方法［D］. 哈尔滨: 东北林业大学, 2009.

［80］ 倪小磊. Partnering 管理模式下合作伙伴的选择机制［J］. 山西建筑, 2010, 36（31）: 207-208.

［81］ 张锐芳. Partnering 模式在我国建设工程项目管理中的应用研究［D］. 太原: 太原理工大学, 2014.

［82］ KAST F E, et al. Organization and management［M］. 3rd ed. New York: McGraw-hill, 1979.

［83］ CRANE T G, FELDER J P, THOMPSON P J, et al. Partnering measures［J］. Journal of Management in Engineering, 1999, 15（2）: 37-42.

［84］ CHENG E W L, LI H. Development of a practical model of partnering for construction projects［J］. Journal of Construction Engineering and Management, 2004, 130（6）: 790-798.

［85］ ANDERSON J C, NARUS J A. A model of the distributor's perspective of distributor-manufacturer working relationships ［J］. The journal of marketing, 1984: 62-74.

［86］ LYLES M A, BAIRD I S. Performance of international joint ventures in two Eastern European countries: the case of Hungary and Poland ［J］. Management International Review, 1994: 313-329.

［87］ MOHR J, NEVIN J R. Communication strategies in marketing channels: a theoretical perspective ［J］. The Journal of Marketing, 1990: 36-51.

［88］ GOODMAN L E, DION P A. The determinants of commitment in the distributor-manufacturer relationship ［J］. Industrial Marketing Management, 2001, 30 (3): 287-300.

［89］ 孟宪海. 关键绩效指标 KPI——国际最新的工程项目绩效评价体系 ［J］. 建筑经济, 2007 (2): 50-52.

［90］ CHEUNG S O, SUEN H C H, CHEUNG K K W. An automated partnering monitoring system—Partnering temperature index ［J］. Automation in Construction, 2003, 12 (3): 331-345.

［91］ YEUNG J F Y, CHAN A P C, CHAN D W M, et al. Development of a partnering performance index (PPI) for construction projects in Hong Kong: a Delphi study ［J］. Construction Management and Economics, 2007, 25 (12): 1219-1237.

［92］ VOYTON V, SIDDIQI K. Partnering: tool for construction claims reduction ［J］. Journal of Architectural Engineering, 2004, 10 (1): 2-4.

［93］ GRANSBERG D D, DILLON W D, REYNOLDS L, et al. Quantitative analysis of partnered project performance ［J］. Journal of Construction Engineering and Management-asce, 1999, 125 (3): 161-166.

［94］ NYSTROM J. A Quasi-experimental evaluation of Partnering ［J］. Construction Management and Economics, 2008, 3 (26): 531-541.

［95］ SPANG K, RIEMANN S. Partnering in infrastructure projects in Germany ［J］. Procedia-Social and Behavioral Sciences, 2014, 119: 219-228.

［96］ 陈可嘉, 陈鹏, 陈洪. 基于系统动力学的 Partnering 模式对工程项目绩效的影响 ［J］. 电子科技大学学报 (社会科学版), 2017, 19 (3): 53-58.

［97］ ANVUUR A M, KUMARASWAMY M M. Conceptual model of partnering and alliancing ［J］. Journal of Construction Engineering and Management, 2007, 133 (3): 225-234.

［98］ 狄·波娃, 许天戟, 王用琪. 防止建设争端和冲突的伙伴协议系统 ［J］. 西安交通大学学报 (社会科学版), 2002, 22 (2): 58-61.

［99］ 何燕, 吴宇蒙. 伙伴式项目管理模式在工程建筑行业的应用研究 ［J］. 华北科技学院学报, 2006, 3 (2): 115-117.

［100］ 程好. 工程项目建设的合作绩效改进研究 ［D］. 上海: 同济大学, 2006.

［101］ 陈勇强, 李瑞进, 冯淑静. 工程项目中各参与方之间的伙伴关系博弈分析与管理 ［J］. 港工技术, 2005, 3: 32-34.

［102］ 唐文哲, 强茂山, 陆佑楣, 等. 基于伙伴关系的项目风险管理研究 ［J］. 水力发电, 2006, 32 (7): 1-4.

［103］ 周迎. 基于 Partnering 的项目管理机制研究 ［D］. 武汉: 华中科技大学, 2008.

［104］姜保平．我国工程建设领域 Partnering 模式研究［D］．上海：同济大学，2008.

［105］ ERIKSSON P E. Partnering in engineering projects：Four dimensions of supply chain integration［J］．Journal of Purchasing and Supply Management，2015，21（1）：38-50.

［106］ ABUDAYYEH，OSAMA. Partnering：a team building approach to quality construction management［J］．Journal of Management in Engineering，1994，10（3）：26-29.

［107］HELLARD R. Project partnering—principle and practice［M］．Thomas Telford，1995.

［108］VENSELAAR M，WAMELINK H. The nature of qualitative construction partnering research：literature review［J］．Engineering，Construction and Architectural Management，2017，24（6）：1092-1118.

［109］CRANE T G，FELDER J P，THOMPSON P J，et al. Partnering process model［J］．Journal of Management in Engineering，1997，13（3）：57-63.

［110］孟宪海，李誉魁，李小燕．Partnering 模式的组织结构与实施流程［J］．建筑经济，2006（8）：35-38.

［111］王艳娜．工程项目管理 Partnering 模式的理论和应用研究［D］．重庆：重庆大学，2006.

［112］ PENA-MORA F，HARPOTH N. Effective partnering in innovative procured multicultural project［J］．Journal of Management in Engineering，2001，17（1）：2-13.

［113］LOVE S. Subcontractor Partnering：I'll believe it when I see it［J］．Journal of Management in Engineering，1997（5）：29-31.

［114］ELLISON S D，MILLER D W. Beyond ADR：working toward synergistic strategic partnership［J］．Journal of Management in Engineering，1995，11（6）：44-54.

［115］ SUNDQUIST V，HULTHÉN K，GADDE L E. From project partnering towards strategic supplier partnering［J］．Engineering，Construction and Architectural Management，2018，25（3）：358-373.

［116］MENG X. The effect of relationship management on project performance in construction［J］．International Journal of Project Management，2012，30（2）：188-198.

［117］姜保平，师东河．Partnering 模式定义辨析与比较研究［J］．苏州科技学院学报（工程技术版），2012，25（4）：15-19.

［118］孙凤娥，江永宏．Partnering 模式下工程建设合作方的利益分配［J］．科技管理研究，2016，36（23）：221-225.

［119］BARLOW J，COHEN M，JASHAPARA A. Towards positive Partnering：revealing the realities for the construction industry［M］．Bristol：The Policy Press，1997.

［120］位珍．承包商选择中的资格预审问题研究［D］．天津：天津大学，2015.

［121］WILLIAMSSON O E. Markets and hierarchies，analysis and antitrust implications：a study in the economics of internal organization［Z］．New York，1975.

［122］李帮义，王玉燕．博弈论及其应用［M］．北京：机械工业出版社，2010.

［123］任静美．基于联盟收益的项目管理 Partnering 模式研究［D］．成都：电子科技大学，2016.

［124］曾文杰，马士华．供应链合作关系相关因素对协同的影响研究［J］．工业工程与管理，

2010 (2): 1-7.

[125] BENTON W C, MALONI M. The influence of power driven buyer/seller relationships on supply chain satisfaction [J]. Journal of Operations Management, 2005, 23 (1): 1-22.

[126] 张颖. 基于协同管理的物流战略联盟构建及风险评价研究 [D]. 天津: 天津财经大学, 2012.

[127] 费小冬. 扎根理论研究方法论: 要素, 研究程序和评判标准 [J]. 公共行政评论, 2008, 3: 23-43.

[128] EISENHARDT K M, GRAEBNER M E. Theory building from cases: Opportunities and challenges [J]. Academy of Management Journal, 2007, 50 (1): 25-32.

[129] FASSINGER R E. Paradigms, praxis, problems, and promise: grounded theory in counseling psychology research [J]. Journal of Counseling Psychology, 2005, 52 (2): 156.

[130] 李幼穗. 儿童发展心理学 [M]. 天津: 天津科技翻译出版公司, 1998.

[131] 刘志迎, 单洁含. 协同创新背景下组织间沟通与创新绩效关系研究 [J]. 当代财经, 2013 (7): 77-86.

[132] 李云梅, 乔梦雪. 合作意愿对产学研协同创新成果转化的作用研究 [J]. 科技进步与对策, 2015, 32 (14): 17-21.

[133] 刘艳. 社会资本: 合作意愿与企业人力资本绩效研究 [D]. 西安: 陕西师范大学, 2010.

[134] SIMONIN B L. The importance of collaborative know-how: An empirical test of the learning organization [J]. Academy of management Journal, 1997, 40 (5): 1150-1174.

[135] SIVADAS E, DWYER F R. An examination of organizational factors influencing new product success in internal and alliance-based processes [J]. Journal of marketing, 2000, 64 (1): 31-49.

[136] SCHREINER M, CORSTEN D. Integrating perspectives: a multidimensional construct of collaborative capability [M] // Complex collaboration: building the capabilities for working across boundaries. Emerald Group Publishing Limited, 2004: 125-159.

[137] EISENHARDT K M, MARTIN J A. Dynamic capabilities: what are they? [J]. Strategic Management Journal, 2000, 21 (10/11): 1105-1121.

[138] 于冬. 企业合作创新绩效影响因素分析 [D]. 大连: 大连理工大学, 2008.

[139] 郑胜华, 池仁勇. 核心企业合作能力, 创新网络与产业协同演化机理研究 [J]. 科研管理, 2017, 38 (6): 28-42.

[140] LORENZONI G, LIPPARINI A. The leveraging of interfirm relationships as a distinctive organizational capability: a longitudinal study [J]. Strategic Management Journal, 1999: 317-338.

[141] KNUDSEN, L G, NIELSEN B B. Collaborative capacity in R&D alliance: exploring the link between organizational and individual level factors [J]. International Journal of Knowledge Management Studies, 2010, 4 (2): 152-175.

[142] DYER J H, SINGH H. The relational view: cooperative strategy and sources of interorganizational competitive advantage [J]. Academy of Management Review, 1998,

　　　　　　23（4）：660-679.

[143] HEIMERIKS K H, DUYSTERS G. Alliance capability as a mediator between experience and alliance performance：An empirical investigation into the alliance capability development process [J]. Journal of Management Studies, 2007, 44（1）：25-49.

[144] 曾伏娥, 严萍. "新竞争"环境下企业关系能力的决定与影响：组织间合作战略视角 [J]. 中国工业经济, 2010（11）：87-97.

[145] 吴家喜. 企业关系能力与新产品开发绩效关系实证研究 [J]. 科技管理研究, 2009, 29（11A）：34-37.

[146] 邱慧芳. 客户关系能力对建筑企业绩效的影响机制研究 [D]. 北京：北京交通大学, 2012.

[147] MASSA M, SIMONOV A. Reputation and interdealer trading：microstructure analysis of treasury bond market [J]. Journal of Financial Market, 2003, （6）：99-141.

[148] FOMBRUN M S. What's in a Name? Reputation Building and Corporate Strategy [J]. Academy of Management Journal, 1990, 33（2）：233-258.

[149] DOLLINGER M J, GOLDEN P A, SAXTON T. The effect of reputation on the decision to joint venture [J]. Strategic Management Journal, 1997：127-140.

[150] 纪淑娴. 信任：电子商务的基石电子商务市场信任机制分析 [M]. 成都：西南交通大学出版社, 2010.

[151] 杨晓晨. 企业信誉对企业绩效的影响研究 [D]. 长春：吉林大学, 2011.

[152] 叶蜀君. 信用风险的博弈分析与度量模型 [M]. 北京：中国经济出版社, 2008.

[153] MCGEE J E, DOWLING M J, MEGGINSON W L. Cooperative strategy and new venture performance：the role of business strategy and management experience [J]. Strategic Management Journal, 1995, 16（7）：565-580.

[154] ZOLLO M, REUER J J, SINGH H. Interorganizational routines and performance in strategic alliances [J]. Organization Science, 2002, 13（6）：701-713.

[155] AMBROSE M, HESS R L, GANESAN S. The relationship between justice and attitudes：An examination of justice effects on event and system-related attitudes [J]. Organizational Behavior and Human Decision Processes, 2007, 103（1）：21-36.

[156] PINTO J K, SLEVIN D P, ENGLISH B. Trust in projects：an empirical assessment of owner/contractor relationships [J]. International Journal of Project Management, 2009, 27（6）：638-648.

[157] ANDERSON J A, FAFF R W. Point and figure charting：a computational methodology and trading rule performance in the S&P 500 futures market [J]. International Review of Financial Analysis, 2008, 17（1）：198-217.

[158] 陈莹, 武志伟. 联盟企业间关系公平性对合作绩效的影响——关系承诺的中介作用与目标一致的调节作用 [J]. 预测, 2014, 33（6）：15-19.

[159] WIKLUND J, SHEPHERD D A. The effectiveness of alliances and acquisitions：The role of resource combination activities [J]. Entrepreneurship Theory and Practice, 2009, 33（1）：193-212.

[160] SIMONIN B L. An empirical investigation of the process of knowledge transfer in international strategic alliances [J]. Journal of International Business Studies, 2004, 35 (5): 407-427.

[161] 张宝生, 张庆普. 基于扎根理论的隐性知识流转网成员合作意愿影响因素研究 [J]. 管理学报, 2015, 12 (8): 1224-1229.

[162] 闫莹, 赵公民. 合作意愿在集群企业获取竞争优势中的作用 [J]. 系统工程, 2012, 30 (2): 29-35.

[163] BECKETT-CAMARATA E J, CAMARATA M R, BARKER R T. Integrating internal and external customer relationships through relationship management: A strategic response to a changing global environment [J]. Journal of Business Research, 1998, 41 (1): 71-81.

[164] 赵艳萍, 王友发, 邓小健, 等. 合作能力与中小企业绩效相关性的实证分析 [J]. 江苏大学学报 (社会科学版), 2006, 8 (5): 83-86.

[165] LANE P J, LUBATKIN M. Relative absorptive capacity and inter-organizational learning [J]. Strategic management journal, 1998: 461-477.

[166] 乔恒利, 董加伟. 基于合作能力的竞争优势 [J]. 华南师范大学学报 (社会科学版), 2004 (3): 36-40.

[167] 尚航标, 田国双, 黄培伦. 海外网络嵌入、合作能力、知识获取与企业创新绩效的关系研究 [J]. 科技管理研究, 2015, 35 (8): 130-137.

[168] TAN C L, TRACEY M. Collaborative new product development environments: Implications for supply chain management [J]. Journal of Supply Chain Management, 2007, 43 (3): 2-15.

[169] 郑景丽, 龙勇. 不同动机下联盟能力、治理机制与联盟绩效关系的比较 [J]. 经济管理, 2012, 1: 153-163.

[170] 郭焱, 刘月荣, 郭彬. 战略联盟中伙伴选择、伙伴关系对联盟绩效的影响 [J]. 科技进步与对策, 2014, 31 (5): 25-29.

[171] 金潇明, 陆小成. 基于信任的集群企业合作声誉模型及其激励机制 [J]. 求索, 2008 (11): 32-33.

[172] 初向华, 侯景亮. 考虑合作和能力声誉的知识型项目团队成员激励分析 [J]. 统计与决策, 2015 (20): 58-61.

[173] 王迅, 刘德海. 企业供应链合作伙伴选择的声誉效应模型分析 [J]. 科技管理研究, 2005, 25 (10): 46-48.

[174] 张四龙, 周祖城. 论企业声誉管理的必要性 [J]. 技术经济, 2002 (2): 24-26.

[175] 段晶晶. 伙伴选择, 伙伴关系与企业创新合作绩效关系研究——基于科技型企业的实证分析 [J]. 河北经贸大学学报, 2016, 37 (4): 98-103.

[176] 卢纹岱. SPSS for windows 统计分析 [M]. 北京: 电子工业出版社, 2006.

[177] 吴明隆. 结构方程模型——AMOS 的操作与应用 [M]. 2 版. 重庆: 重庆大学出版社, 2010.

[178] Straub DW. Validating Instruments in Mis Research [J]. Mis Quarterly, 1989, 13 (2): 147-169.

[179] 陈晓萍, 徐淑英, 樊景立. 组织与管理研究的实证方法 [M]. 北京: 北京大学出版社, 2008.

［180］吴明隆．SPSS 统计应用实务——问卷分析与应用统计［M］．北京：科学出版社，2005．

［181］查金祥．电子商务顾客价值与顾客忠诚度的关系研究［D］．杭州：浙江大学，2006．

［182］SAXTON T. The effects of partner and relationship characteristics on alliance outcomes［J］. Academy of Management Journal，1997，40（2）：443-461．

［183］侯杰泰，温忠麟，成子娟．结构方程模型及其应用［M］．北京：教育科学出版社，2004．

［184］CROWLEY L G，KARIM M A. Conceptual model of partnering［J］. Journal of Management in Engineering，1995，11（5）：33-39．

［185］尹贻林，徐志超，邱艳．公共项目中承包商机会主义行为应对的演化博弈研究［J］．土木工程学报，2014（6）：138-144．

［186］吕文学．我国大型建筑企业竞争力及其提升途径研究［D］．天津：天津大学，2004．

［187］RUSSELL J S. Decision models for analysis and evaluation of construction contractors［J］. Construction Management and Economics，1992（10）：185-202．

［188］HUATSH Z，SKIMTORE M. Evaluating contractor prequalification data：selection criteria and project success factors［J］. Construction Management and Economies，1997（15）：129-147．

［189］HATUSH Z，SKITMORE M. Contractor selection using multicriteria utility theory：an additive model［J］. Building and Environment，1998，33，105-115．

［190］NG S T，LUU D T，CHEN S E，et al. Fuzzy member ship functions of procurement selection criteria［J］. Construction Management and Economics，2002（20）：285-296．

［191］ALARCON LF，MOURGUES C. Performance modeling for contractor selection［J］. Journal of Construction Engineering and Management，2002，18（2）：52-60．

［192］MAHDI I M，RILEY M J，FEREIG S M，et al. A multi-criteria approach to contractor selection［J］. Engineering Construction and Architectural Management，2002，9（1）：29-37．

［193］WAARA F，BROCHNER J. Price and nonprice criteria for contractor selection［J］. Journal of Construction Engineering and Management，2006，132（8）：797-804．

［194］SINGH D，TIONG R L K. Contractor selection criteria：investigation of opinions of Singapore construction practitioners［J］. Journal of Construction Engineering and Management，2006（132）：998-1008．

［195］WATT D J，KAYIS B，WILLEY K. Identifying key factors in the evaluation of tenders for projects and services［J］. International Journal of Project Management，2009，27（3）：250-260．

［196］WATT D J，KAYIS B，WILLEY K. The relative importance of tender evaluation and contractor selection criteria［J］. International Journal of Project Management，2010，28（1）：51-60．

［197］邵军义，宋岩磊，曹雪梅，等．基于 TOPSIS 改进模型的工程项目承包商选择［J］．土木工程与管理学报，2016，33（4）：12-17．

［198］梁迎迎，刘隽．基于累积前景理论的工程项目承包商选择［J］．武汉理工大学学报（信息与管理工程版），2018，40（2）：169-174．

［199］ MERNA A，SMITH N J. Bid evaluation for UK public sector construction contracts ［J］. Proceedings of the Institution of Civil Engineers，1990，88（1）：91-105.

［200］ RUSSELL J S，SKIBNIEWSKI M J. Decision criteria in contractor prequalification ［J］. Journal of Management in Engineering，1988，4（2）：148-164.

［201］ SHEN L Y，LI Q M，DREW D，et al. Awarding construction contracts on multicriteria basis in China ［J］. Journal of Construction Engineering and Management，2004，130（3）：385-393.

［202］ 李启明，谭永涛，张二伟. 建筑企业竞争力评价指标体系实证研究 ［J］. 东南大学学报（自然科学版），2003，5（33）：652-655.

［203］ 刘晓峰，齐二石，何曙光. 建筑企业竞争力测评模型及实证研究 ［J］. 天津大学学报（社会科学版），2007，6（9）：508-511.

［204］ 黄敏，柳春娜，唐文哲，等. 基于伙伴关系的我国国际承包商核心竞争力研究 ［J］. 项目管理技术，2010，8（4）：13-17.

［205］ 刘文娜，舒欢. 基于 SEM 模型的工程承包商竞争力评价实证研究 ［J］. 工程管理学报，2013，27（6）：21-24.

［206］ 陈杨杨，王雪青，刘炳胜，等. 基于直觉模糊数的承包商资格预审模型 ［J］. 模糊系统与数学，2015，29（1）：158-166.

［207］ IREM D M. Talat Birgonul et al. Critical success factors for partnering in the Turkish construction industry ［C］. Dainty，A（Ed）Procs 24th Annual ARCOM Conference，2008：1013-1022.

［208］ 张玉明，段升森. 中小企业成长能力评价体系研究 ［J］. 科研管理，2012，33（7）：98-105.

［209］ 范闾翾. 企业质量信用及影响因素研究 ［D］. 杭州：浙江大学，2013.

［210］ 刘志华. 区域科技协同创新绩效的评价及提升途径研究 ［D］. 长沙：湖南大学，2014.

［211］ MATTHEWS J，TYLER A，THORPE A. Pre-construction project partnering：developing the process ［J］. Engineering，Construction and Architectural Management，1996，3（1/2）：117-131.

［212］ 张吉军. 模糊层次分析法（FAHP）［J］. 模糊系统与数学，2000，14（2）：80-88.

［213］ 张吉军. 模糊一致判断矩阵 3 种排序方法的比较研究 ［J］. 系统工程与电子技术，2003，25（11）：1370-1372.

［214］ 胡文发，姚伟，周明. 基于模糊层次分析法的既有住宅性能综合评价 ［J］. 同济大学学报（自然科学版），2011，39（5）：785-790.

［215］ 吕跃进. 基于模糊一致矩阵的模糊层次分析法的排序 ［J］. 模糊系统与数学，2002，16（2）：79-85.

［216］ 盛亚. 企业创新管理 ［M］. 杭州：浙江大学出版社，2005.

［217］ LALL S. Technological capabilities and industrialization ［J］. World Development，1992，20（2）：165-186.

［218］ COHEN W M，LEVINTHAL D A. Absorptive capacity：a new perspective on learning and innovation ［J］. Administrative Science Quarterly，1990：128-152.

[219] HOGAN S J, SOUTAR G N, MCCOLL-KENNEDY J R, et al. Reconceptualizing professional service firm innovation capability: scale development [J]. Industrial Maketing Management, 2011, 40 (8): 1264-1273.

[220] BÖRJESSON S, ELMQUIST M. Aiming at innovation: a case study of innovation capability in the Swedish defence industry [J]. International Journal of Business Innovation and Research, 2012, 6 (2): 188-201.

[221] 王一鸣, 王君. 关于提高企业自主创新能力的几个问题 [J]. 中国软科学, 2005, (7): 10-14.

[222] 陈力田, 赵晓庆, 魏致善. 企业创新能力的内涵及其演变: 一个系统化的文献综述 [J]. 科技进步与对策, 2012, 29 (14): 154-160.

[223] 杨鹏飞. 基于社会交换理论的组织公平对分包商长期合作意愿的影响研究 [D]. 天津: 天津大学, 2016.

[224] DAVID. High-impact learning: building and diffusing learning capability [J]. Organizational Dynamics, 1993, 22 (2): 52 - 67.

[225] 李勖, 汪应洛, 孙林岩. 组织的环境适应性及生存战略——基于知识供应链的分析 [J]. 南开管理评论, 2003 (4): 61-65.

[226] 阎大颖. 企业能力视角下跨国并购动因的前沿理论述评 [J]. 南开学报, 2006 (4): 106-111.

[227] YEUNG. Organizational learning capability [M]. New York: Oxford University Press, 1999.

[228] CEPEDA G, VERA D. Dynamic capabilities and operation capabilities: a knowledge management perspective [J]. Journal of Business Research, 2007, 60 (3): 426-437.

[229] KUEN-HUNG T. Collaborative Networks and Product Innovation Performance [J]. Research Policy, 2009.

[230] GHERARDI S, RICHARDS G. Benchmarking the learning capability of organizations [J]. European Management Journal, 1997, 15 (5): 575-583.

[231] 牛继舜. 论组织学习能力的内涵 [J]. 科技与管理, 2004, 6 (5): 32-34.

[232] 陈国权, 周为. 领导行为、组织学习能力与组织绩效关系研究 [J]. 科研管理, 2009, 30 (5): 148-154.

[233] 惠智微. 供应链合作运营绩效的影响因素研究 [D]. 杭州: 浙江大学, 2011.

[234] LEWISJD. Making strategic alliances to work [J]. Research technology management, 1990, 33: 12-15.

[235] 曹爱军, 张宗庆. 信息不对称下动态联盟绩效关键影响因素的实证研究 [J]. 南京师大学报 (社会科学版), 2013 (2): 46-52.

[236] CRESPIN-MAZET F, HAVENVID M I, LINNÉ Å. Antecedents of project partnering in the construction industry—The impact of relationship history [J]. Industrial Marketing Management, 2015, 50: 4-15.

[237] 李东, 罗倩. 创新获利条件, 合作控制权与载体商业模式——基于 C-P-C 逻辑的合作创新控制权分析框架 [J]. 中国工业经济, 2013 (2): 104-116.

[238] YUAN F, WOODMAN R W. Innovative behavior in the workplace: the role of performance

and image outcome expectations [J]. Academy of Management Journal, 2010, 53 (2): 323-342.

[239] 吴晓云，张欣妍．企业能力、技术创新和价值网络合作创新与企业绩效 [J]．管理科学，2015，28（6）：12-26．

[240] 王睿，卢纪华．双元性创新、联盟稳定性与技术创新联盟绩效的关系研究 [J]．企业改革与管理，2017（1）：21-23．

[241] 李佳宾，汤淑琴．新企业知识共享、员工创新行为与创新绩效关系研究 [J]．社会科学战线，2017（9）：246-250．

[242] 罗力．信任和关系承诺对第三方物流整合与绩效的影响 [D]．广州：华南理工大学，2010．

[243] 李林蔚，蔡虹，郑志清．战略联盟中的知识转移过程研究：共同愿景的调节效应 [J]．科学学与科学技术管理，2014，35（8）：29-38．

[244] OZDEM G. An Analysis of the Mission and Vision Statements on the Strategic Plans of Higher Education Institutions [J]. Educational Sciences: Theory and Practice, 2011, 11 (4): 1887-1894.

[245] 李明斐，李丹，卢小君．学习型组织对企业绩效的影响研究 [J]．管理学报，2007，4（4）：442-448．

[246] 王铁男，陈涛，贾榕霞．组织学习、战略柔性对企业绩效影响的实证研究 [J]．管理科学学报，2010，13（7）：42-59．

[247] 梁子婧．供应链能力对供应链运营绩效影响机制研究——基于组织学习的视角 [J]．中小企业管理与科技，2015（2）：40-41．

[248] 许芳，田雨，沈文．服务供应链动态能力、组织学习与合作绩效关系研究 [J]．科技进步与对策，2015，32（11）：15-19．

[249] 曹兴，龙凤珍．技术联盟伙伴选择因素与联盟绩效的关系研究 [J]．软科学，2013，27（6）：53-58．

[250] STAFFORD E R. Using co-operative strategies to make alliances work [J]. Long Range Planning, 1994, 27 (3): 64-74.

[251] STILES J. Strategic alliances: making them work [J]. Long Range Planning, 1994, 27 (4): 133-137.

[252] HAGEN R. Globalization, university transformation and economic regeneration: A UK case study of public/private sector partnership [J]. International Journal of Public Sector Management, 2002, 15 (3): 204-218.

[253] PANSIRI J. The effects of characteristics of partners on strategic alliance performance in the SME dominated travel sector [J]. Tourism Management, 2008, 29 (1): 101-115.

[254] 刘书庆，韩亚辉．项目施工战略合作伙伴评价与选择方案研究 [J]．中国管理科学，2008（S1）：88-97．